印象手绘

景观设计手绘线稿表现（第2版）

郑晓慧 王超 李诚 编著

人民邮电出版社
北京

图书在版编目（CIP）数据

印象手绘. 景观设计手绘线稿表现 / 郑晓慧, 王超, 李诚编著. -- 2版. -- 北京 : 人民邮电出版社, 2018.10(2021.2重印)
ISBN 978-7-115-49310-1

Ⅰ. ①印… Ⅱ. ①郑… ②王… ③李… Ⅲ. ①景观设计－绘画技法 Ⅳ. ①TU204.11②TU986.2

中国版本图书馆CIP数据核字(2018)第209976号

内容提要

本书主要讲解与景观设计线稿表现相关的知识，注重设计与手绘表现相结合，希望读者通过对本书的学习，能够解决在实际设计工作中遇到的手绘表现问题。本书结构清晰、思路明确，详细介绍了景观手绘线稿表现的入门技法、训练要素、透视原理、构图原理、配景表现、成图案例步骤分解、设计草图应用等方面的内容。最后还为读者展示了专业设计师的设计手绘作品，通过对这些作品的品味和分析，提升读者的设计能力。

为了方便大家学习，书中案例的每个步骤都配有细节分析和图片解析，同时，随书附赠一套景观设计手绘教学视频，读者可以配合学习，提高学习效率。

本书适合园林景观设计专业的在校学生、园林景观设计公司的职员、手绘设计师及对手绘感兴趣的读者阅读，也可作为培训机构的教学用书。

◆ 编　　著　郑晓慧　王　超　李　诚
责任编辑　张丹阳
责任印制　陈　犇
◆ 人民邮电出版社出版发行　　北京市丰台区成寿寺路 11 号
邮编　100164　　电子邮件　315@ptpress.com.cn
网址　http://www.ptpress.com.cn
北京虎彩文化传播有限公司印刷
◆ 开本：787×1092　1/16
印张：15.25
字数：516 千字　　2018 年 10 月第 2 版
印数：3 801－4 200 册　　2021 年 2 月北京第 4 次印刷

定价：59.00 元

前言

设计手绘，在手绘之前冠以“设计”二字，充分说明了手绘对于设计专业的意义。在此，编者想告诉广大的在职设计师、设计专业的在校生以及手绘爱好者，无论你有无美术基础，都不要担心，手绘对于我们来讲，是设计表达的工具，是记录灵感的工具，如同设计软件一样，是用来辅助设计的。只要找对方法，持之以恒地练习，就能够熟练地运用手中的笔快速地把我们的思维转换为纸面图形。

设计师并非艺术家，设计师需要考虑的是解决功能问题，要考虑尺度、比例、透视和材质等是否符合设计需要；在此基础上，再进一步考虑构图、色彩、美感和图纸风格，甚至个人的情感表达，而后者并不能作为判断一个设计师设计能力的标准。国内外的设计名家为我们留下了宝贵的设计财富：乱线、草图、节点细节、设计手稿。我们应在传承精髓的同时与时俱进，绘制出符合美学和时代发展的图案。

本书以景观设计线稿为主题，详细介绍景观手绘线稿的入门技法、训练要素、透视原理、构图原理、配景表现、成图案例步骤分解、设计草图应用等方面的内容。在效果图表现范畴中，线稿的应用更为广泛，无论是速写、设计草图构思还是成图表现的线稿框架，黑白线稿都作为图纸的骨架结构，决定了图纸最后的表现质量。

图书是编者团队与读者沟通交流的途径之一，我们尽最大的努力整理平时的作品，记录绘制步骤，展示细节，将现有的经验传授给对于设计手绘仍然迷茫的读者。能为读者解决手绘方面的问题，甚至能让读者爱上手绘、爱上设计，就是我们最大的心愿。

希望读者朋友能够通过学习书中的内容，感受到景观手绘线稿的艺术魅力，解决学习上的困难，掌握基础的表现方法与技巧，并熟练地应用于设计的学习及相关工作中。

本书附赠教学视频，扫描“资源下载”二维码即可获得下载方法。如需下载技术支持，请致函szys@ptpress.com.cn。同时，也可以通过移动端扫描“在线视频”二维码在线观看教学视频。

本书能够顺利完稿，离不开团队每一位成员的奉献。衷心感谢大家的大力支持与帮助，感谢人民邮电出版社给予我们与广大读者交流沟通的机会。在此，特别感谢好友——建筑设计师苏鹏无私地为本书提供大量设计草图及手稿，向读者生动地展示了手绘在工作中的重要应用以及手绘在设计中的魅力所在。

本书难免有疏漏之处，望广大读者海涵与指正，大家的意见与支持是我们今后努力的方向和动力。如果大家在学习的过程中遇到问题，可以加入“印象手绘（576507665）”读者交流群，本群将为大家提供本书的“高清大图”“疑难解答”和“学习资讯”，分享更多与手绘相关的学习方法和经验。

郑晓慧

客服邮箱：press@iread360.com

客服电话：028-69182687 028-69182657

目 录

目 录

第1章

景观手绘前期的准备与线条练习

1.1 景观手绘线稿的作用与意义

景观手绘线稿是指通过最简单的线条和明暗关系来进行景观设计表现。线稿忽略了复杂的色彩关系，可简单、快速地呈现黑白视觉效果。

景观手绘线稿从用途上可分为速写、效果表达、灵感构思和设计表达等。无论是哪种方式的表达，都是一种手绘的艺术，是在笔尖流淌的灵感与感情，体现了设计师与艺术家的设计理念与思维。

景观速写是指短时间内快速表现对象，多以实景为写生对象。它的意义在于能够快速提高我们的审美能力、构图能力，以及对画面的概括能力，为后期的设计积累实景素材。景观效果表达主要是通过最终的表现效果来衡量一个设计师的表现水准，它往往与表现技法、设计师绘画的熟练程度等因素息息相关。它的意义在于，能更好地向人们展示设计视觉效果，较好地体现景观设计方案，让人们直观地感受到景观设计方案的实景效果。灵感构思主要是体现设计师的设计思想，在设计初期，设计师会通过快速地勾勒方案草图来寻找灵感。它的意义在于能更好地推进设计，一个好的设计首先要解决空间功能性问题，其次要有一个思想内涵作为文化支撑。设计表达是指设计师的思想通过手绘的方式推敲与过滤，使得景观设计更为合理。再好的设计，如果只有想象，没有很好的设计表现，无法给人们呈现出最终的设计效果，一切也只能是空谈。

本书介绍的景观手绘线稿是一种景观设计类的手绘，主要用于景观设计的前期构思、绘制草图，以及后期成果的效果图表现等。景观手绘线稿往往带有设计师鲜明的个人特点，是设计师表达情感、设计理念与方案最直接的视觉语言。因此，初学者在学习景观手绘时，必须持之以恒，找到适合自己的方法。

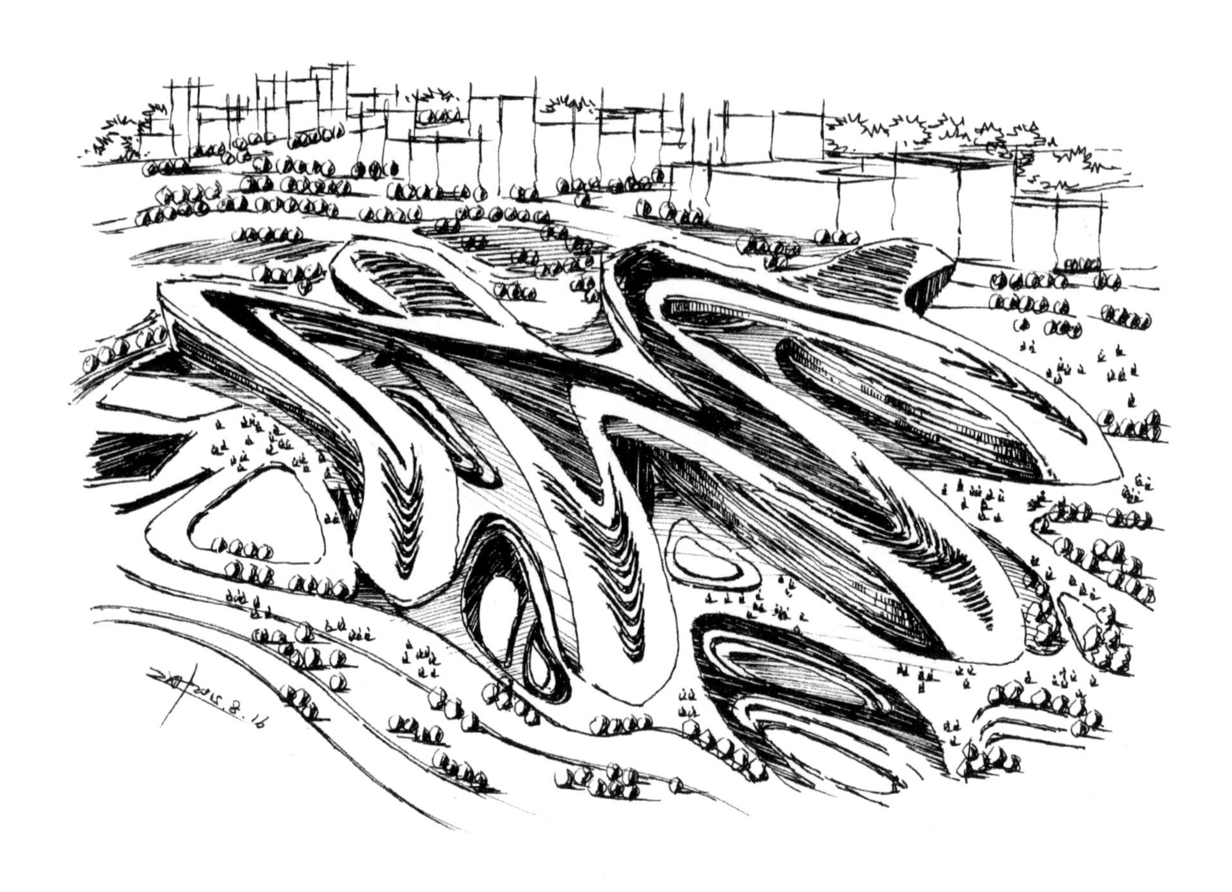

建议初学者将手绘培养成一种习惯，多走、多看、多画，外出采风、写生，既可以调节工作和学习的压力，放松心情，又可以提高审美能力及手绘能力。

1.2 正确的绘画姿势

1.2.1 握笔姿势

手绘表现对于握笔、用笔的姿势有着一定的要求，但是由于绘画工具的不同、表现手法的不同、个人习惯的不同，很难有一个严格、规范的定义。以普通签字笔为例，正确的握笔姿势应该是手离笔尖2~3cm，食指和拇指不交叉，以中指的第一关节作支撑，笔的倾斜角度一般为30°。如果是在倾斜的板面上绘制，可以利用小指作为额外支撑点。

当然，这些都只是从专业角度的建议而已，绘画时，根据实际情况灵活运用手中的笔也是我们需要掌握的一项重要技能。

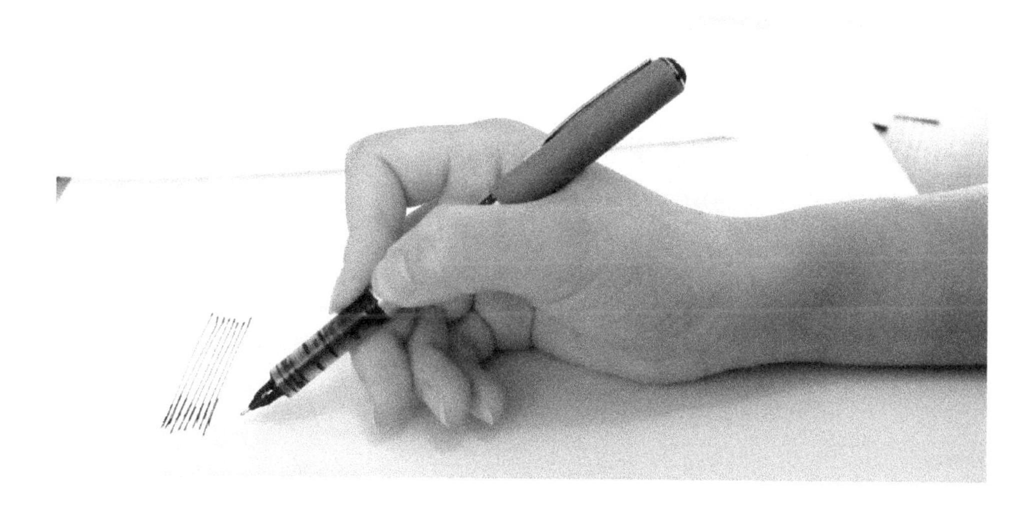

1.2.2 坐姿

了解握笔和运笔的正确姿势后，下面学习正确的坐姿。正确的坐姿应该是身体略微前倾，视线与纸面约呈45°，腰要挺直。身体的倾斜角度不当不仅会对画面产生影响，也容易对身体造成损伤。头部不要距离画面过近，眼睛与画面保持一定距离，这样有利于观察整体效果。普通的写字台桌面过低，视线与纸面的倾斜角度过大，容易使画面变形，可以购买专门的设计绘图台，它的台面是倾斜的，可以有效解决画面变形的问题。

1.3 不同线条的练习

线条是组成画面的最基本的元素，无论是平面图形、立体几何体、景观单体，还是最后的成品效果图，每个单元细节都是由不同的线条通过丰富的变化组合而成的。因而，在景观设计手绘中，练好线条是画好整幅线稿作品的基础。

1.3.1 直线

画直线要做到流畅、快速、清新。下笔肯定、有力是画好直线的重要条件。很多初学者都在困惑如何才能把直线画直。首先，握笔姿势及运笔方向都有一定的要求。握笔时，不要太靠近笔尖，手指与笔尖保留大概5cm的距离。运笔时，手腕不能随意转动，应处于僵持状态，笔尖与所画直线呈90°，以小拇指为稳定点，以肩为轴水平移动手臂，这样就可以画出相对较直的线条。画直线时尽量保持坐姿端正，把纸放正，眼睛与图纸保持一定距离。

1.硬直线

硬直线讲究起笔、运笔、收笔。起笔要快，运笔要肯定，收笔要稳，确保起笔、运笔、收笔在一条直线上，直线两端要有明显的加粗端点，使得线条苍劲有力，肯定大气。

硬直线的正确画法

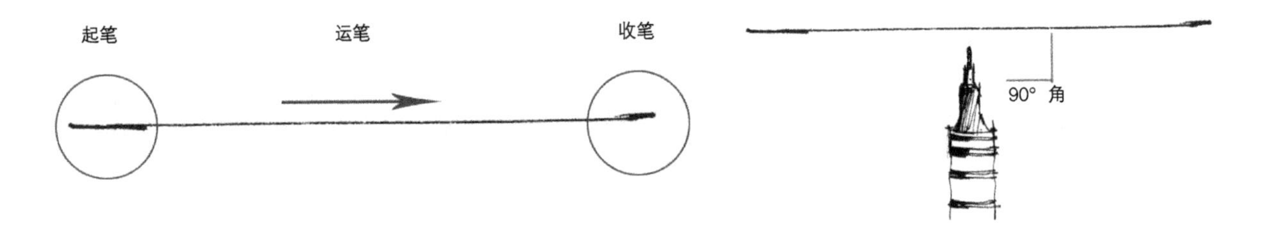

硬直线的错误画法

第1种：下笔不肯定，不自信，导致线条不直，柔软无力。

第2种：起笔、运笔、收笔不在同一条直线上。

第3种：收笔不稳，出现回勾。

第4种：线条有起无收，显得头重脚轻。

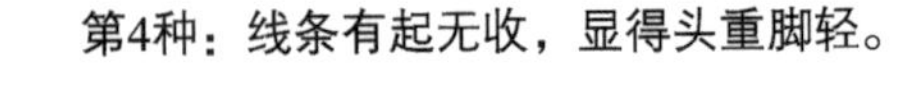

第5种：来回重复描画，线条零碎杂乱。

硬直线的方向性练习

横向排线练习

竖向排线练习

斜向上排线练习

斜向下排线练习

硬直线的练习方法

通过定点画线的方法加强练习，画出任意两个控制点，快速连线。熟练掌握定点画线可以在具体写生及创作中，快而准地确定画面透视关系，是一种控笔能力的训练。

连线练习：可通过以下多方向定点连线的方法加强练习。

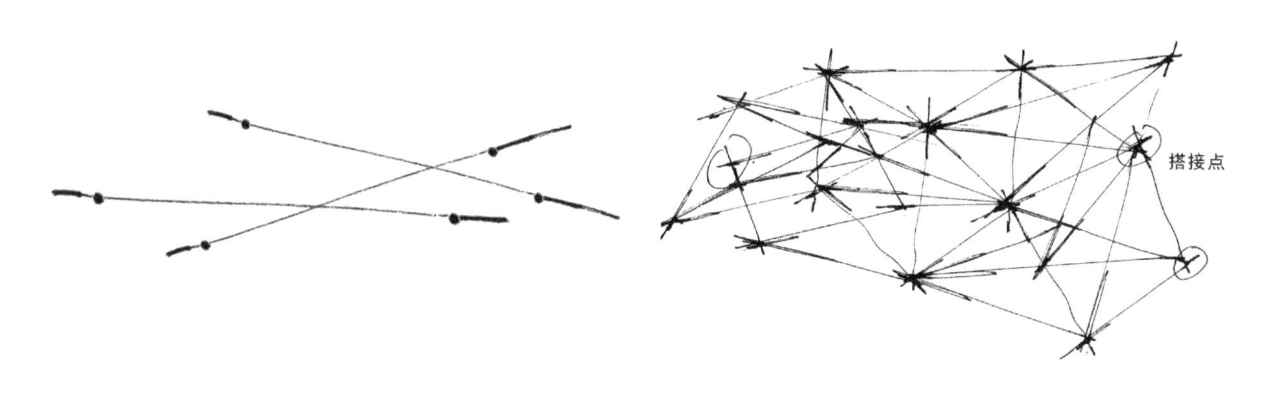

不同密度的硬直线排列练习如下。

平行线排列

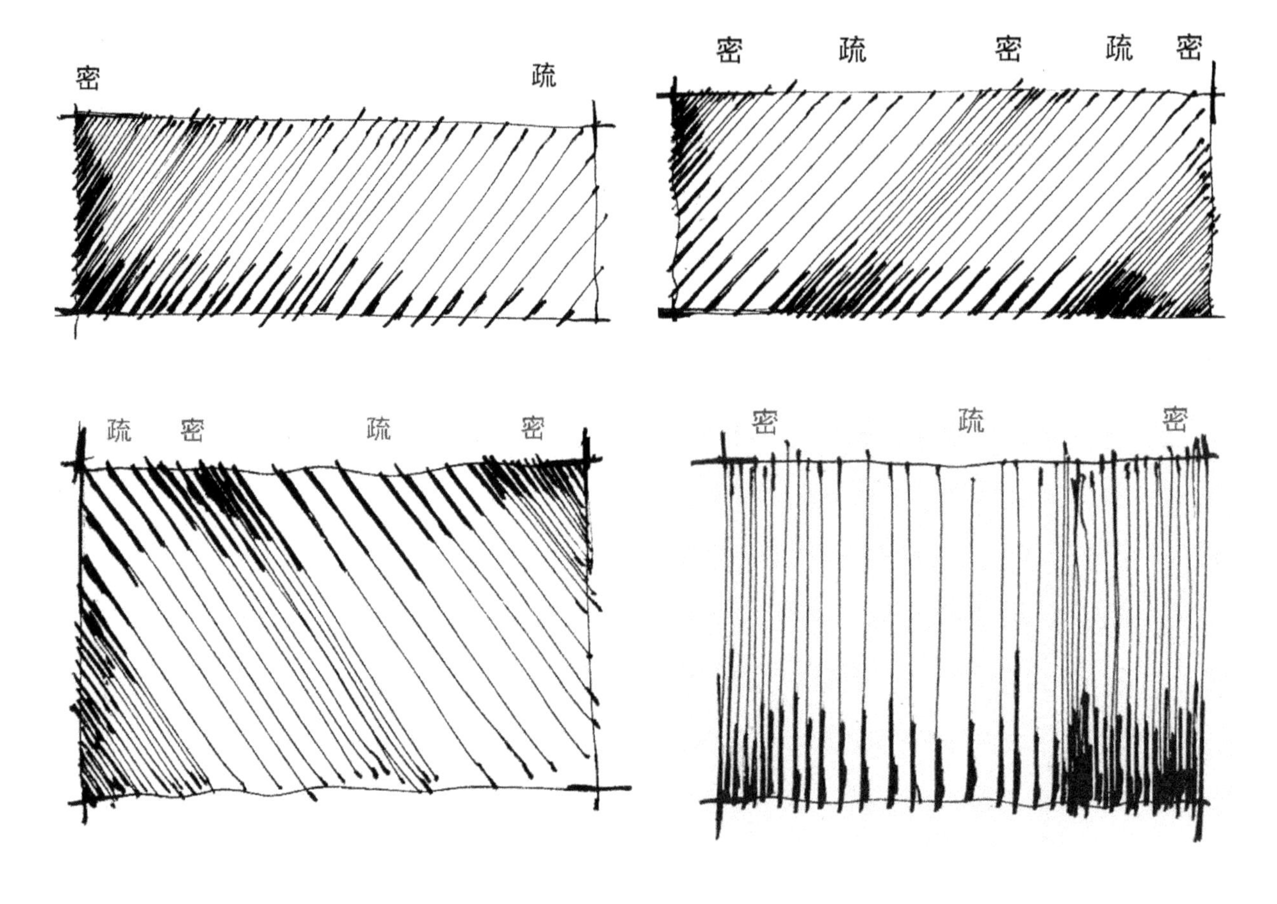

非平行线排列

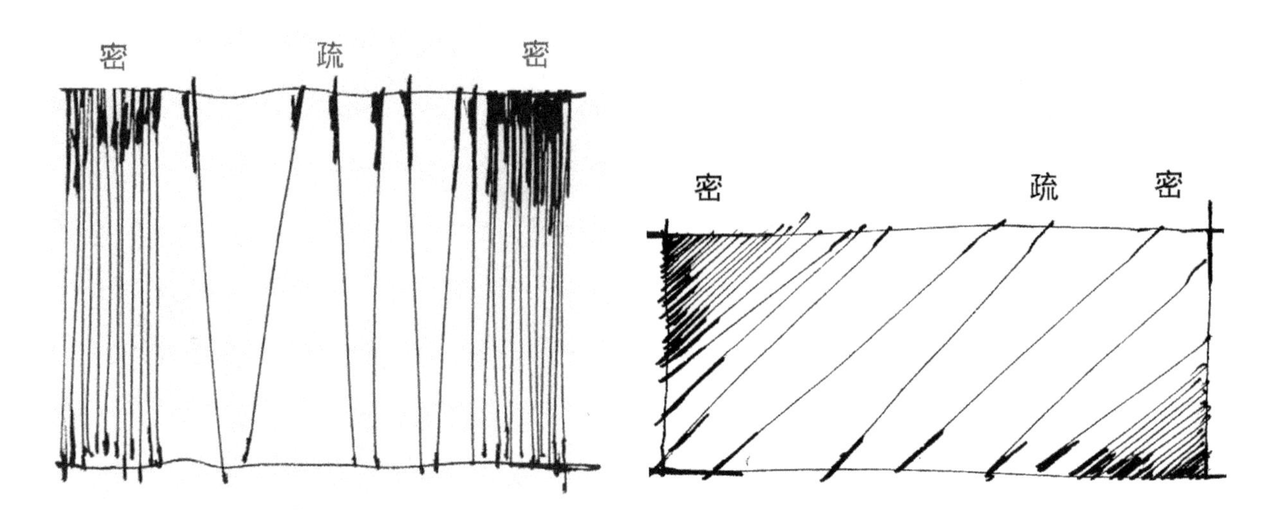

2.软直线

与快速、肯定、相对较短的硬直线相比，软直线讲究小曲而大直，具有流畅、生动、美观的特点。

软直线的正确画法

较长的软直线，可以用断点连接的方法去画，断点处注意不要有明显的起笔与收笔，不要有交叉，中间留有一定缝隙，接着画下一条横线。

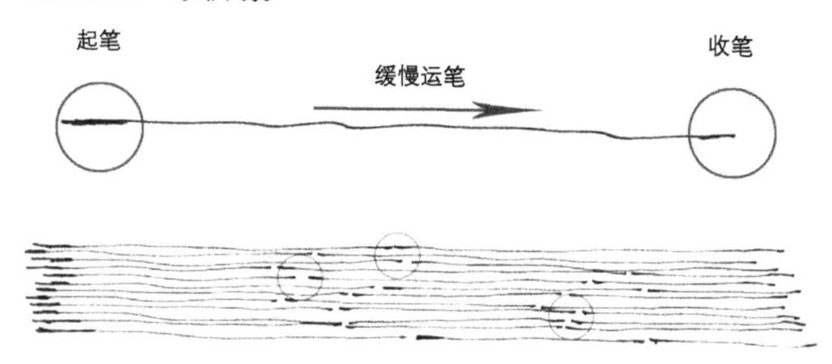

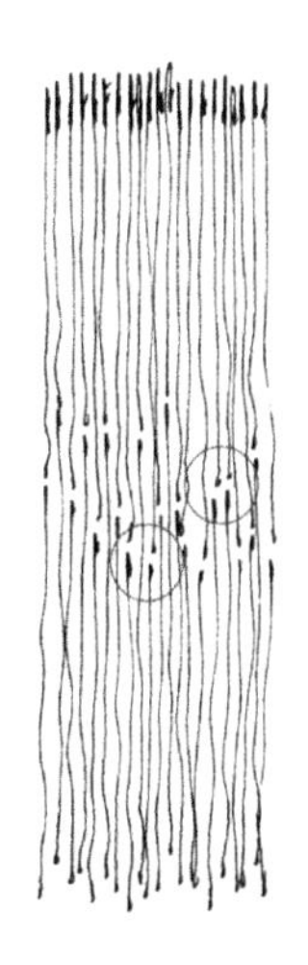

软直线的错误画法

第1种：来回重复描画，线条零碎杂乱。

第2种：运笔过程不流畅，停顿过久出现黑色顿点。

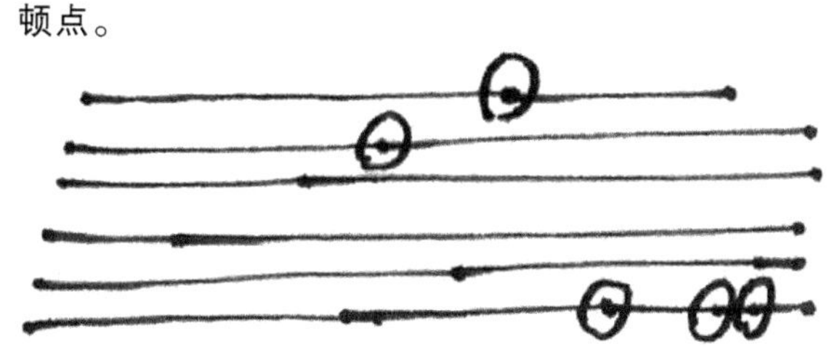

第3种：运笔过程用力太平均，线条无变化、死板。

软直线的方向性练习

横向排线练习

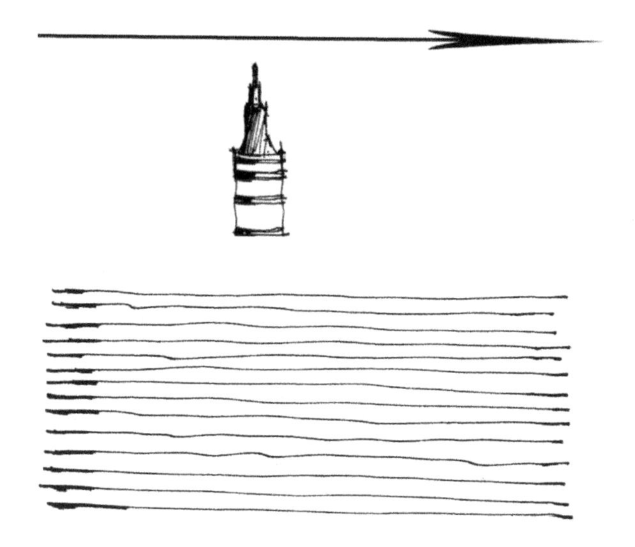

竖向排线练习

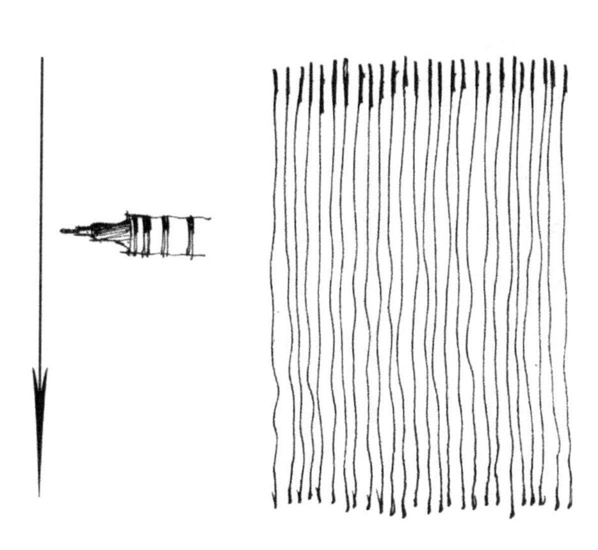

左下方向排线练习

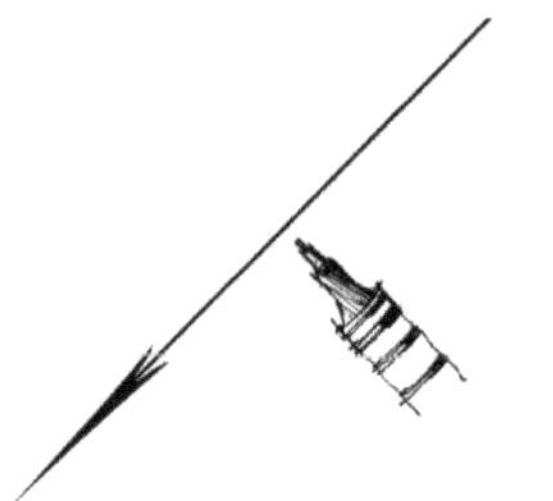

右下方向排线练习

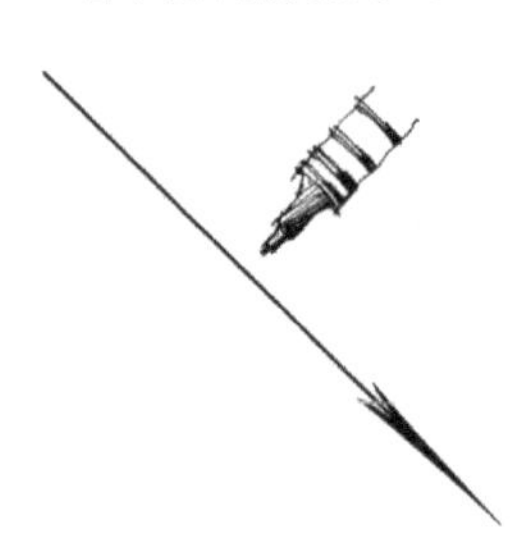

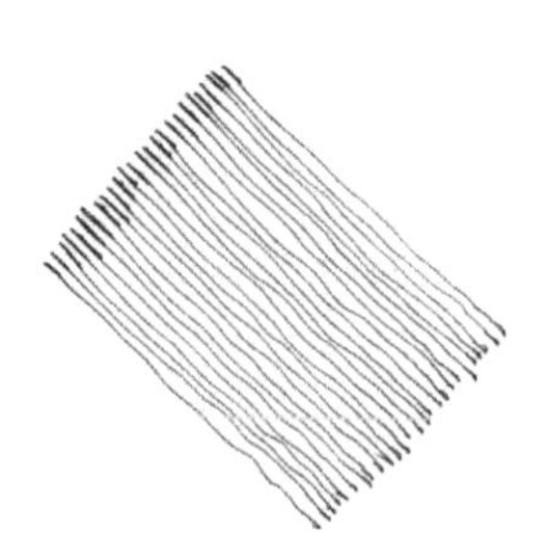

3.交叉直线

在绘制交叉直线时，要注意线条交叉的密度，这直接关系到画面的层次表现。

直角交叉的直线练习

疏线排列

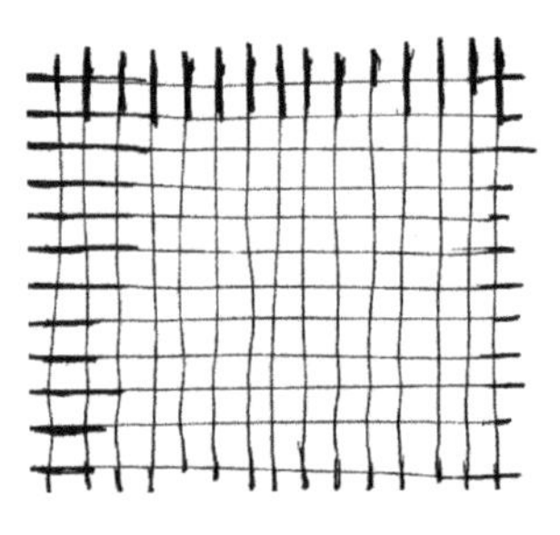

密线排列

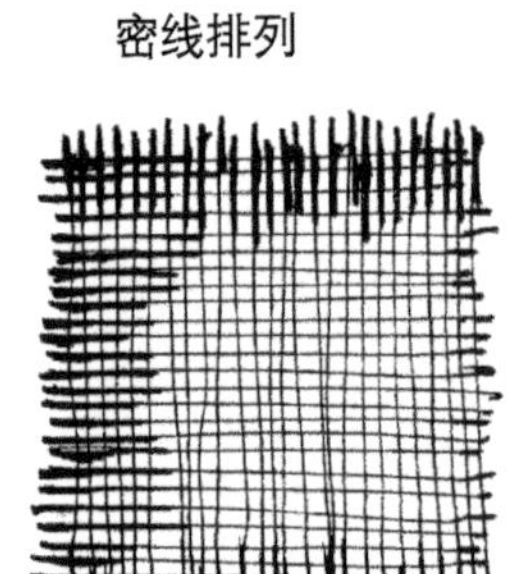

钝角交叉的直线练习

疏线排列

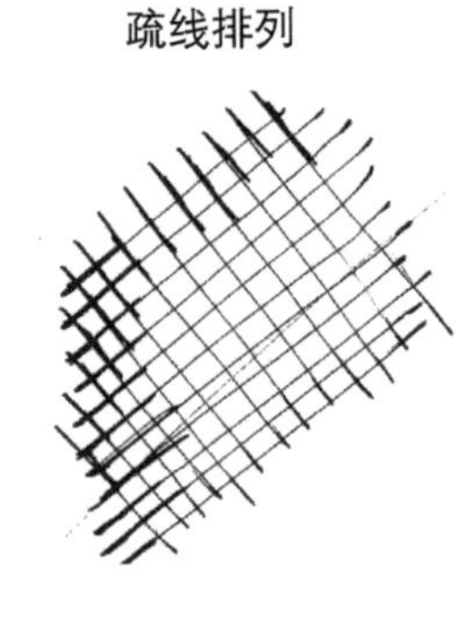

密线排列

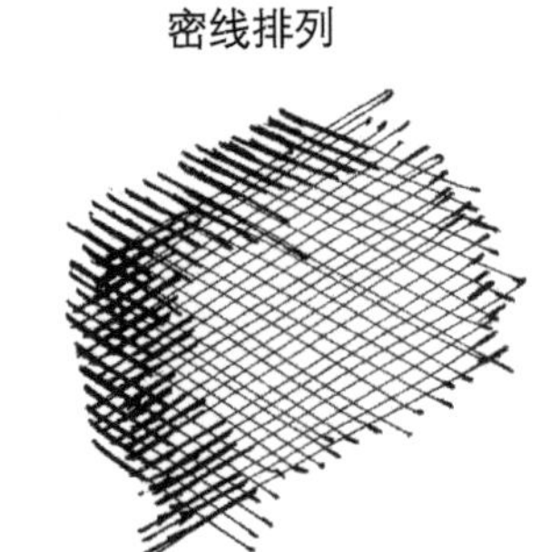

4.渐变线

渐变线通常用于刻画阴影面，快速渐变的线条能表现物体的背光面，体现物体在三维空间中的体积感。

多角度扫线的画法

扫线是指单条的渐变线。渐变线是由多条扫线按照一定的疏密关系绘制而成的，是一种表达一定光影关系的表现手法。画扫线时下笔要肯定，快速扫笔，画出有起无收的线条。

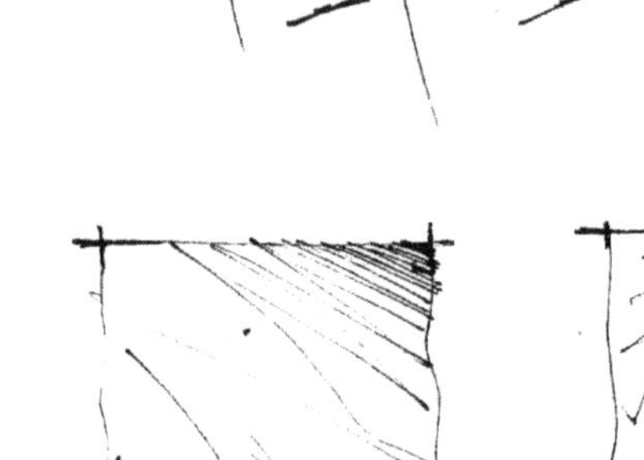

不同方向渐变线的画法

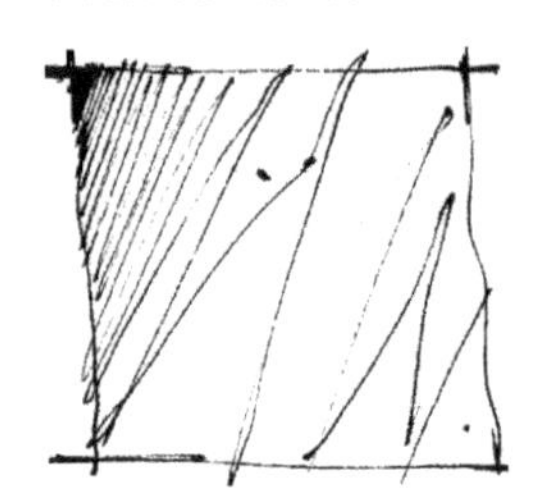

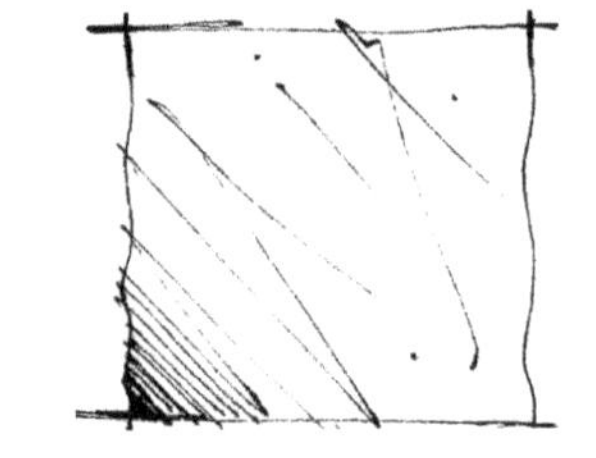

快速扫笔渐变线的画法

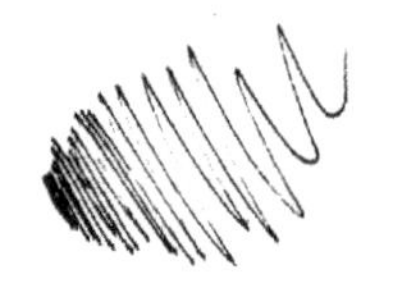

1.3.2 曲线

曲线与直线相比，具有一定的弧度，曲线通常用于表现异形景观单体，如造型座椅、雕塑、弯曲的小路等。练习好曲线，能够绘制出丰富生动的景观线稿。

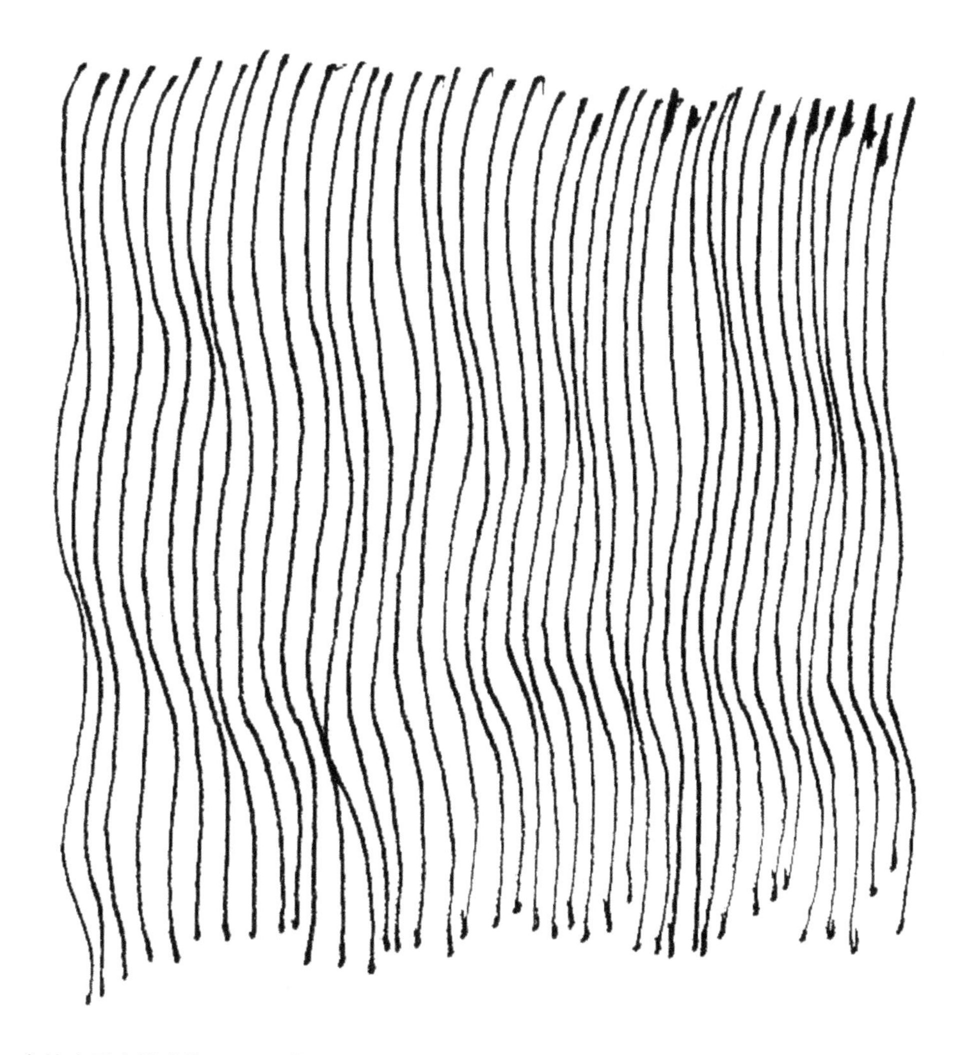

具有一定轮廓形态的曲线，可通过弧线断点连接的方法进行绘制。

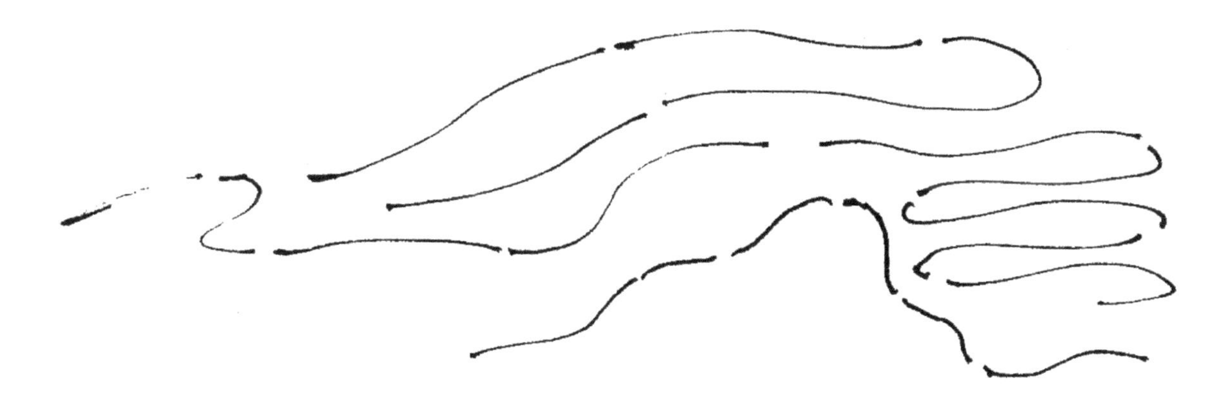

1.3.3 弧线

短弧线：一笔画出弧形线条，注意起笔与收笔。

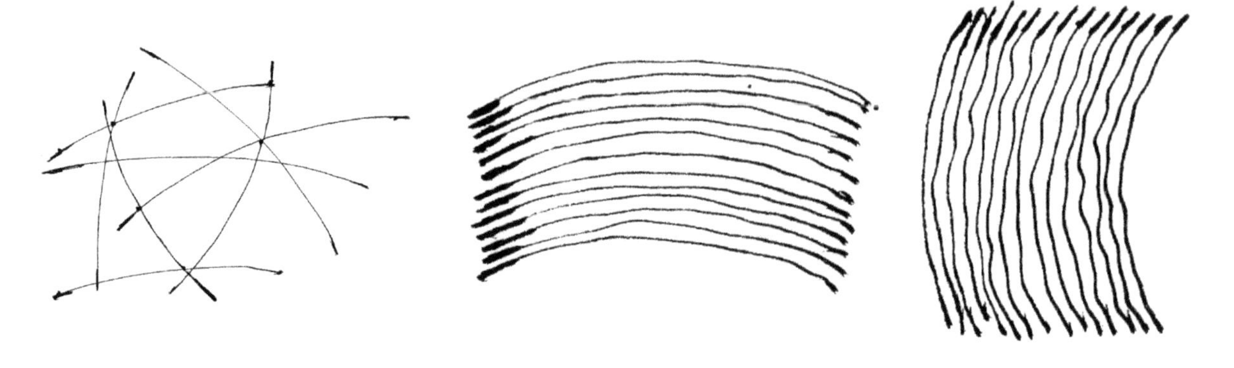

长弧线：可以用断点连接的方法绘制。

1.3.4 植物线

根据外形特点，植物线通常被称为“几”字线、W线、M线等，这种线条主要用于绘制植物单体。不同疏密程度的表达方式，可用于表现不同高度的植物类型，比如低矮灌木、小乔木、大乔木等。

植物线方向性练习

横向植物线

竖向植物线

斜向上方向植物线

斜向下方向植物线

向左弯曲的植物线

向右弯曲的植物线

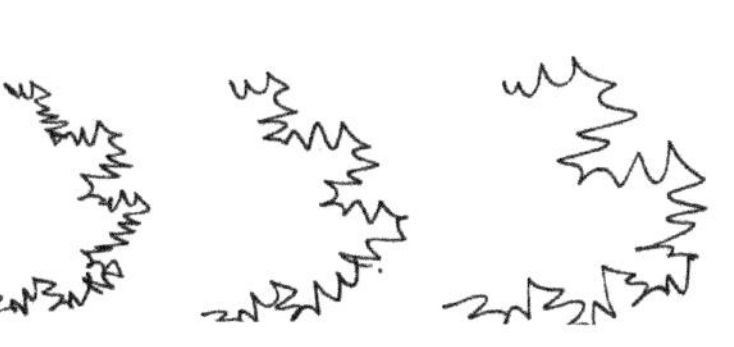

向上弯曲的植物线

植物线的训练方法

树线一般应用于树冠的造型。可通过勾勒不同植物线的树冠加强练习，常见的树冠类型如下。

运用树线练习树冠外形勾勒。

1.3.5 线条的方向性

单一线条的方向性不具备特殊意义，但是当线条被运用到具体的物体之上时，线条的方向性就起到了很大的作用，比如在塑造物体的体积与空间时，都会习惯性地按照物体的结构与透视进行排线，便于表现物体的体积、空间、透视关系。

单独的线条不具备方向性。

根据物体的明暗关系，任意排线。

根据物体的明暗关系，按照统一方向排线。

1.3.6 线条表现材质

通过线条表现纹理与质感是景观设计手绘中必不可少的一部分，不同类型的线条，通过不同的疏密关系和线形搭配组合出的图案、明暗层次、渐变与退晕、物体的质感也是各不相同的。

应用不同的线条表现材质，有利于充分、生动地表现景观小品的质感、景观的层次、景观的铺装纹理及植物的明暗关系等景观设计元素。

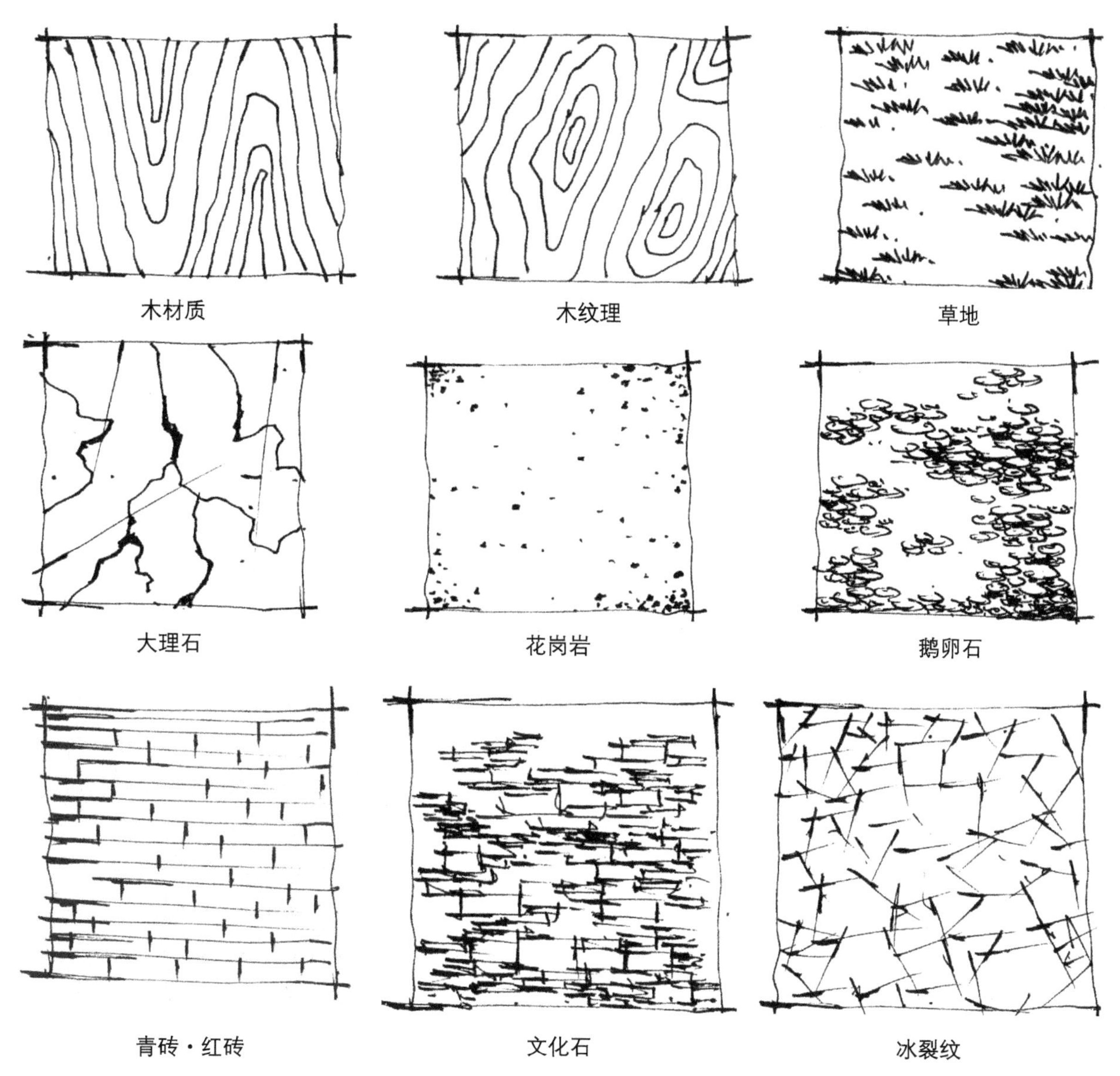

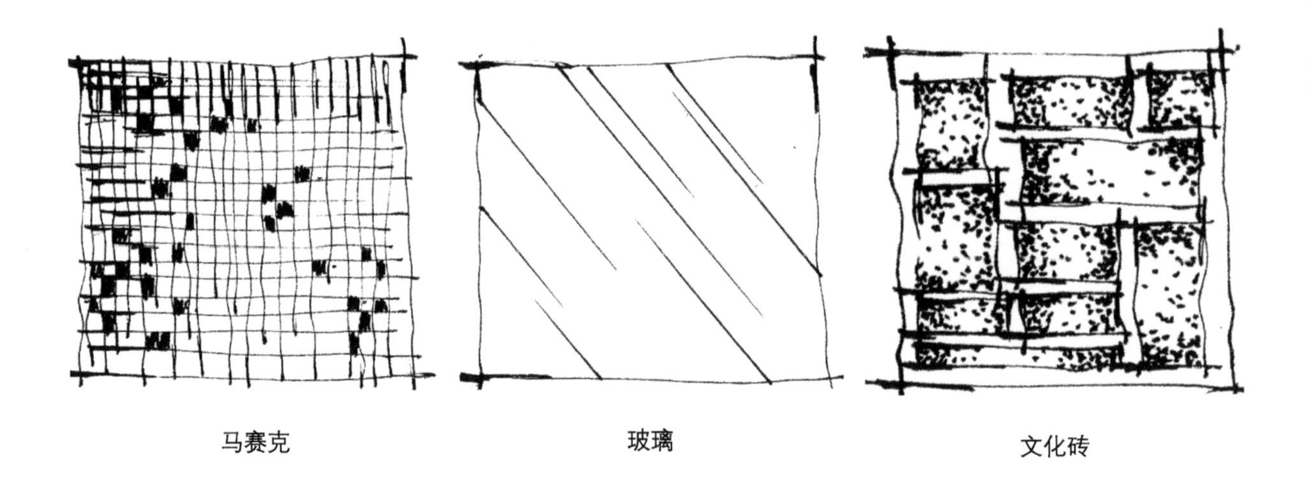

马赛克　　玻璃　　文化砖

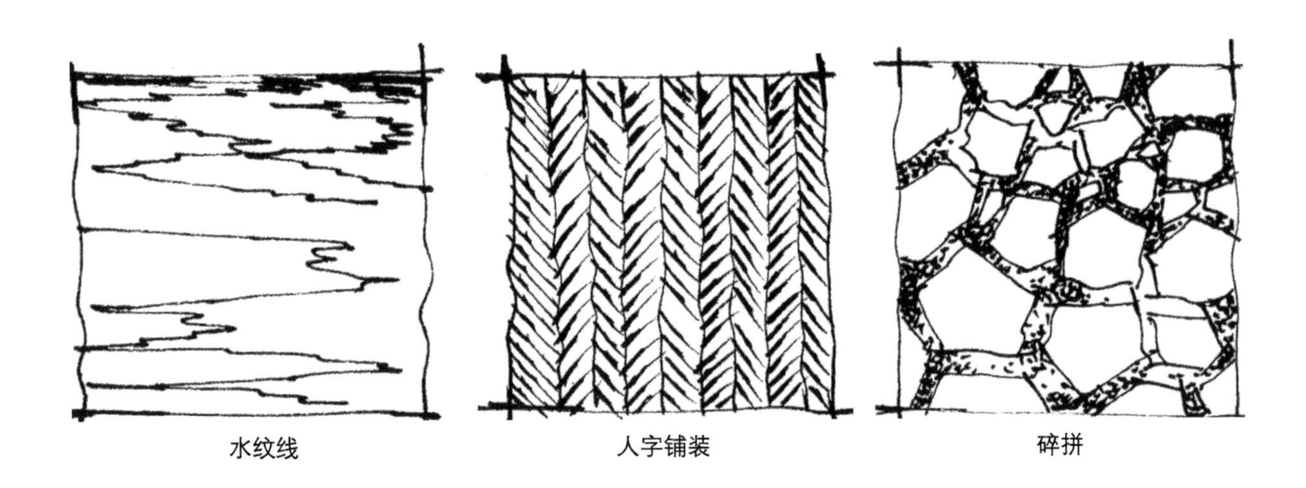

水纹线　　人字铺装　　碎拼

1.4 不同几何体的练习

景观设计手绘离不开对不同几何体的组合练习，对于景观设计来说，无论是景墙、座椅、景亭、廊架，还是其他构筑物，都是由不同几何体穿插组合而成的。分析简单的几何体，能帮助我们了解物体的亮面、暗面、明暗交界线、反光面等。

1.4.1 正方体与长方体

1.正方体

正方体竖向的垂直边互相平行，横向平行的边都消失于一点。

第1步：画出正方体的边缘线。
第2步：画出正方体的投影。
第3步：画出正方体的暗面质感，注意加强明暗交界线处的对比。
第4步：画出正方体的投影。

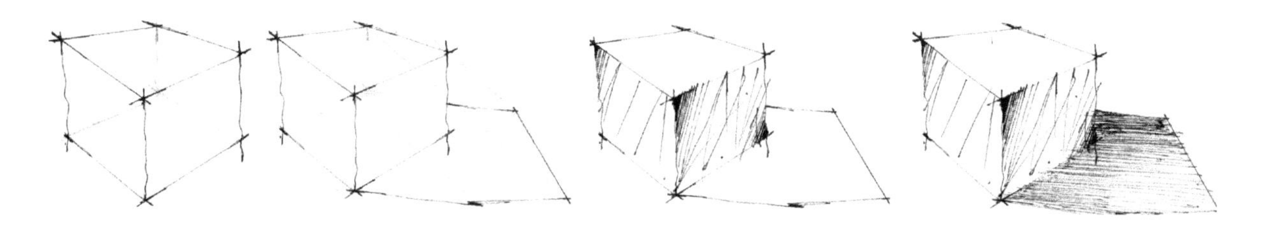

2.长方体

长方体竖向的垂直边互相平行，横向平行的边都消失于一点。

第1步：画出长方体的边缘线。
第2步：画出长方体的投影。
第3步：画出长方体的暗面质感，注意加强明暗交界线处的对比。
第4步：画出长方体的投影。

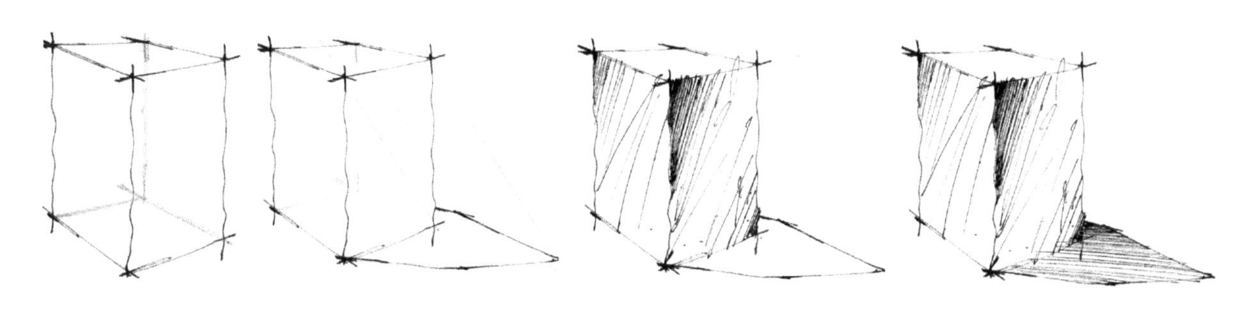

1.4.2 圆柱体与圆柱斜剖体

1.圆柱体

圆柱体可以看作一个平面圆形竖向拉起一定高度形成的几何体。

第1步：画出圆柱体的轮廓。
第2步：画出投影轮廓。
第3步：画出圆柱体的明暗关系。
第4步：画出圆柱体的投影。

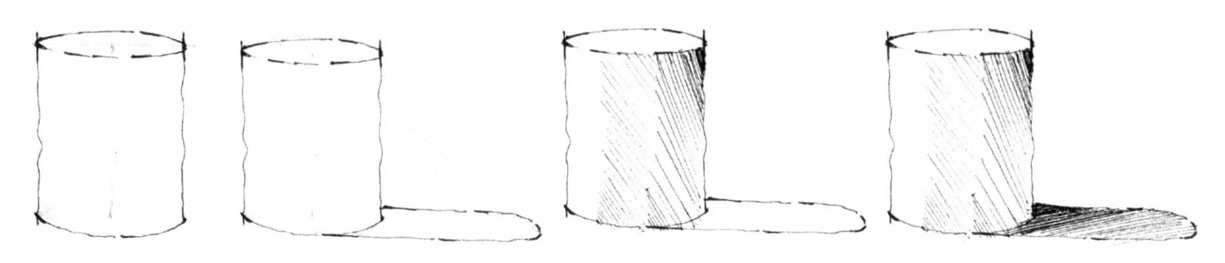

2.圆柱斜剖体

圆柱斜剖体可以看作在圆柱体的基础上，横向倾斜剖切圆柱体而得到的。顶面椭圆是倾斜面。

第1步：画出圆柱斜剖体的轮廓。
第2步：画出圆柱斜剖体的投影轮廓。
第3步：画出圆柱斜剖体的明暗关系。
第4步：画出圆柱斜剖体的投影。

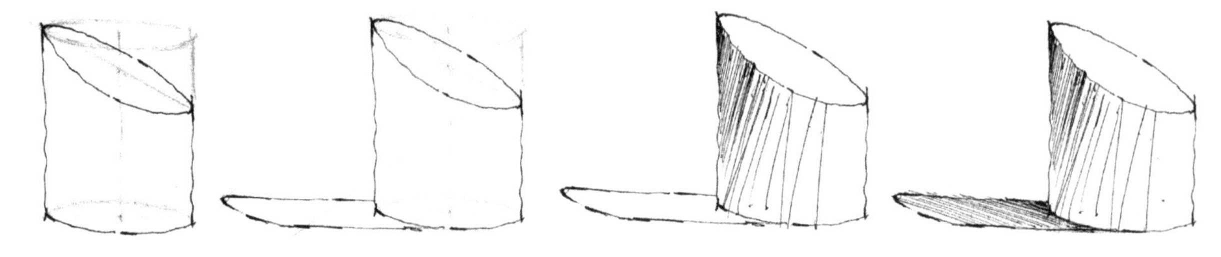

1.4.3 三棱锥与圆锥体

1.三棱锥

三棱锥是由4个三角形组成的，当底面是正三角形时则为正三棱锥。

第1步：画出三棱锥的轮廓。
第2步：画出三棱锥投影的轮廓。
第3步：画出三棱锥的明暗关系。
第4步：画出三棱锥的投影。

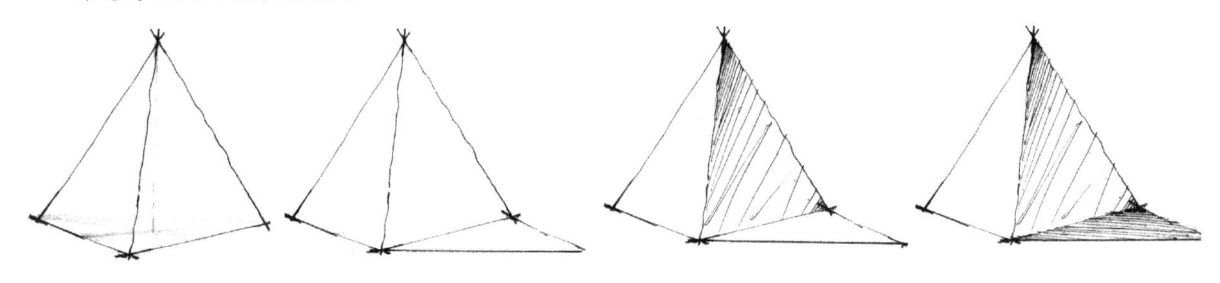

2.圆锥体

圆锥体可以理解为连接三棱锥的顶点与底部三角形外接圆的周长而得到的几何体。

第1步：画出圆锥体的轮廓。
第2步：画出圆锥体投影的轮廓。
第3步：画出圆锥体的明暗关系。
第4步：画出圆锥体的投影。

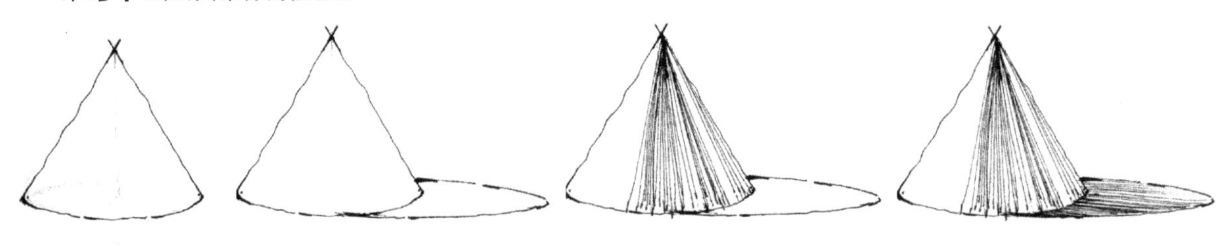

1.4.4 球体与棱柱体

1.球体

球体可以看作由无数个不同角度等大的同心圆，按照任何方向旋转而成的。

第1步：画出球体的轮廓。

第2步：画出球体的投影轮廓。

第3步：画出球体的明暗关系。

第4步：画出球体的投影。

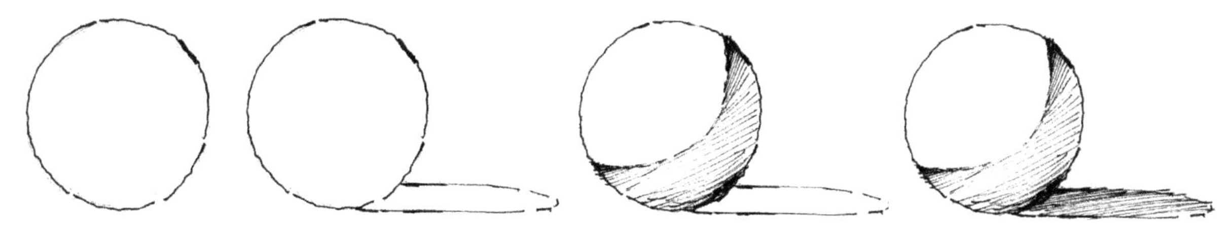

2.棱柱体

棱柱体可以看作由平面多边形竖直拉起一定高度而形成的。

第1步：画出棱柱体的轮廓。

第2步：画出棱柱体投影的轮廓。

第3步：画出棱柱体的明暗关系。

第4步：画出棱柱体的投影。

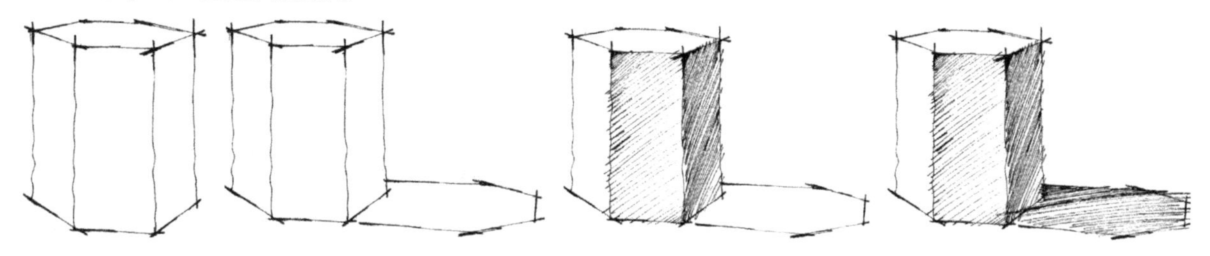

1.4.5 多面体

1.五角十二面体

五角十二面体是由12个五边形组成的几何形体。

第1步：画出五角十二面体的轮廓。

第2步：画出五角十二面体的投影轮廓。

第3步：画出五角十二面体的明暗关系。

第4步：画出五角十二面体的投影。

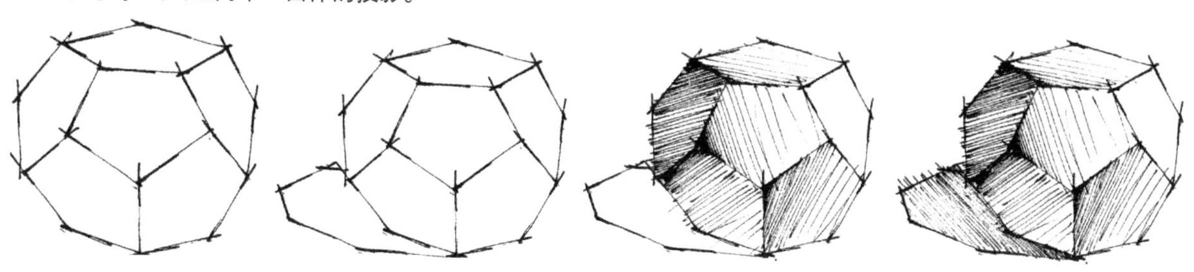

2.三角二十面体

三角二十面体是由20个等边三角形组合形成的。

第1步：画出三角二十面体的轮廓。

第2步：画出三角二十面体投影的轮廓。

第3步：画出三角二十面体的明暗关系。

第4步：画出三角二十面体的投影。

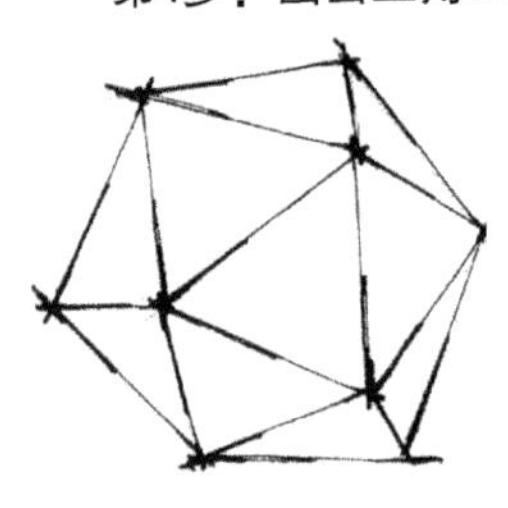
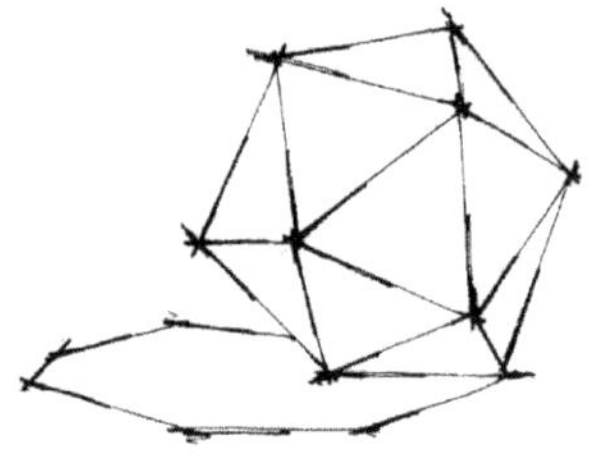
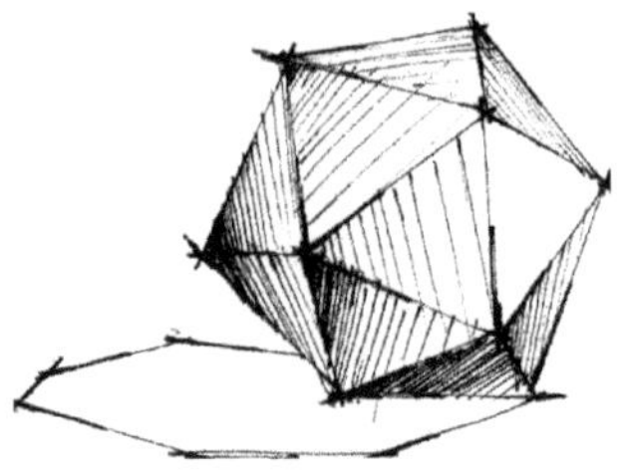
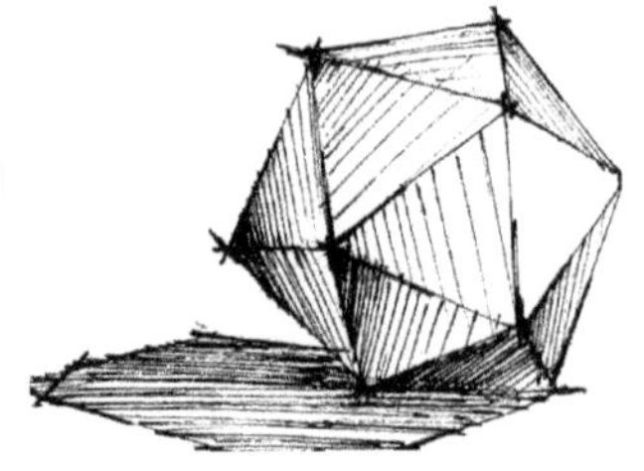

1.4.6 不同几何体的组合与穿插

1.长方体结合体

长方体结合体由两个长方体贯穿而成的，整体呈现“十”字形状。

第1步：画出长方体结合体的轮廓。

第2步：画出长方体结合体投影的轮廓。

第3步：画出长方体结合体的明暗关系。

第4步：画出长方体结合体的投影。

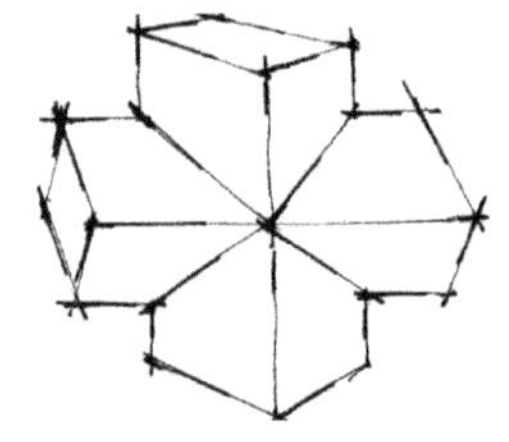
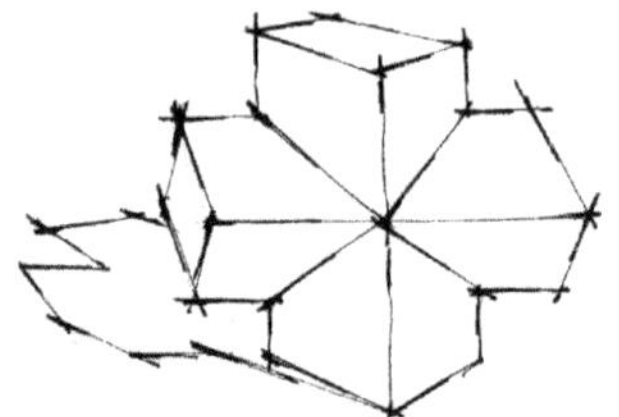
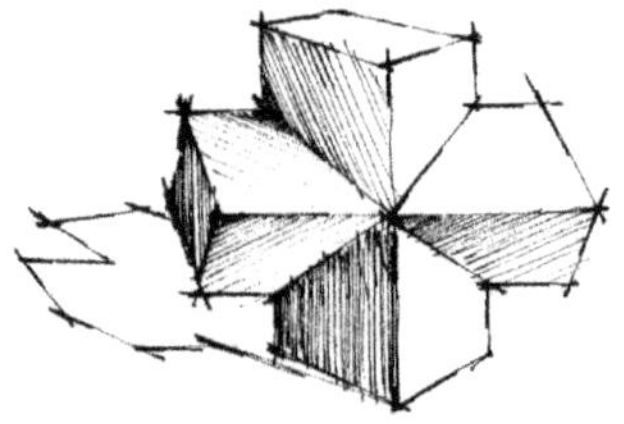
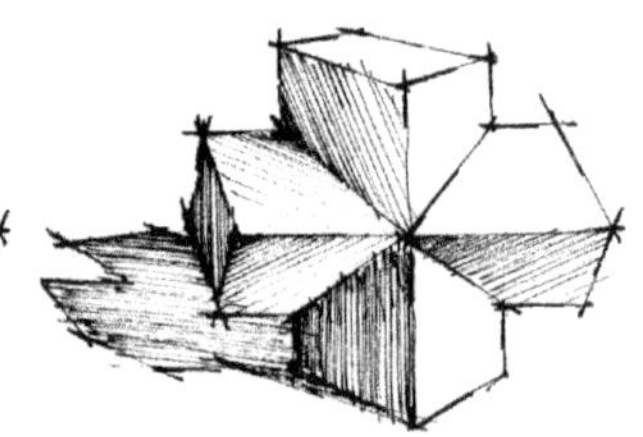

2.方锥结合体

方锥结合体是由长方体和三棱锥体贯穿组合而成的。

第1步：画出方锥结合体的轮廓。

第2步：画出方锥结合体投影的轮廓。

第3步：画出方锥结合体的明暗关系。

第4步：画出方锥结合体的投影。

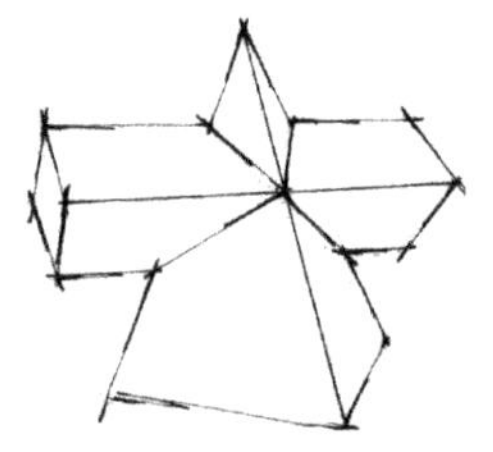
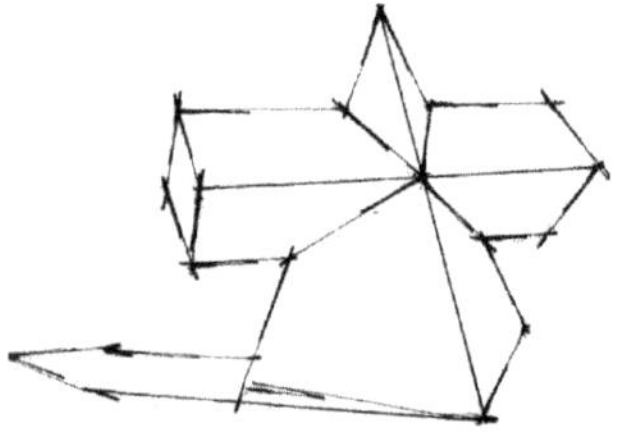
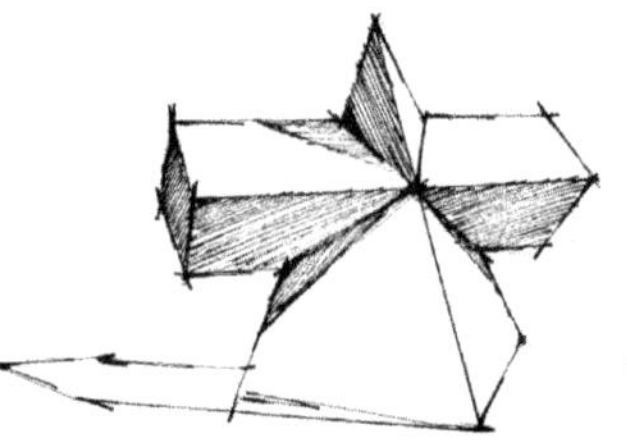
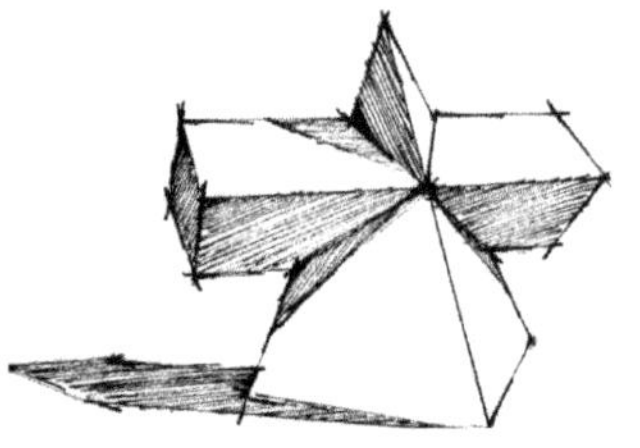

第 2 章

景观植物的认知与表现

- 2.1 植物的特征与地域性
- 2.2 乔本、灌木植物的画法
- 2.3 藤本、草本植物的画法

2.1 植物的特征与地域性

人们的生活离不开植物的相伴，植物是美和生命力的象征，是景观的重要组成部分。植物可以充实画面、为画面带来生机，还可以表现景观所处的自然环境。

2.1.1 植物的生物特性

1.植物的种类变化

植物分布于地球的各个角落，为了适应不同的环境，植物在种类上和结构上都发生了相应的变化。比如，在阴暗潮湿环境中生长的苔藓植物；在水中、湿地中生长的水生植物；在地面上靠根系深入土壤中生长的木本植物，它们在不同的环境中为了生存而进行自身的进化，以此来保持自身正常的生命活动。

2.植物的区域变化

因地球纬度的变化，各地区的气候、水文、地理等自然条件有所差异，植物形成了各具特色的地域性特征。

北 南

寒带 温带 亚热带 热带

植物以丰富的色彩和多样的形态构成了各地不同的景观。比如，北方寒带的针叶植物，中部温带的落叶乔木，南方热带、亚热带的常绿阔叶植物。不同的气候，影响着植物的生态习性，所以在景观造景时，如果没有选择适合当地地域条件的植物，就会在景观维护上造成很多不必要的麻烦，甚至会导致植物因不适应当地气候而无法成活。在表现景观画面的时候，通过具有地域特征的植物的衬托，可以更好地表现景观的特点。

2.1.2 植物的形态特征

想表现好一个物体，首先要了解这个物体。在对树进行手绘表现时，主要抓住3点：枝干、叶子、树冠或者整棵树的体积。了解了这3点之后，再通过自己的理解，对大自然中的树形进行概括、简化、夸张和变化等处理，就能与手绘环境融合得更加协调，突出景观的艺术效果。

1.枝干结构

树干和树枝的走向与形态直接决定了树冠以及整棵树的形状，所以只有正确地理解树干和树枝的结构和生长方式，才能画出形象的树。枝干的形状大致可以分为下面几种。

第1种：树干细长，树枝呈辐射状态，即顶部呈放射状出杈。

第2种：沿着与树干垂直的方向相对或交错出杈，出杈的方向有向上、平伸、下挂和倒垂几种，一般这种树的树干较高。

第3种：由下往上逐渐分杈，越向上出杈越多，细枝越密。此类树型一般枝繁叶茂，比较优美。

2.叶形与叶脉

在表现植物叶子的时候主要侧重叶形与叶脉的刻画，在景观手绘线稿中，这方面技法运用得较少，一般在刻画近景植物、花丛、草丛时用到。

叶子的形态一般有卵形、圆形、椭圆形、心形、掌形、扇形、菱形、匙形、针形、披针形等。

卵形：下部圆阔，上部稍狭，如桑叶、樱花叶、玉兰叶等。

圆形：叶形长宽接近相等，如黄栌叶、荷叶等。

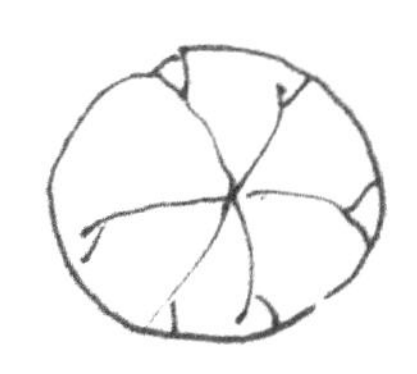

椭圆形：形如椭圆，中部宽两头呈圆弧状，如女贞叶、黄杨叶、茶树叶、樟树叶等。

心形：形如心，前端渐尖，下部宽圆且微凹，如紫荆叶、杨树叶等。

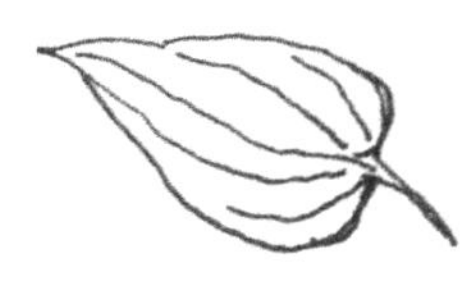

掌形：叶片三五开裂，形如分开的手掌，如枫叶、爬山虎叶、蓖麻叶等。

扇形：如同展开的扇子，如银杏叶。

菱形：叶片成等边的斜方形，如乌桕叶等。

匙形：形如汤匙，前端宽圆，下部渐渐变窄，如车前叶、橡树叶等。

针形：叶片细长如针，如松叶等。

披针形：前端尖细，整体细长，如桃叶、柳叶、竹叶等。

特殊形：形态相对比较特殊的叶子，如芭蕉叶、椰树叶、棕榈叶、剑麻叶等。

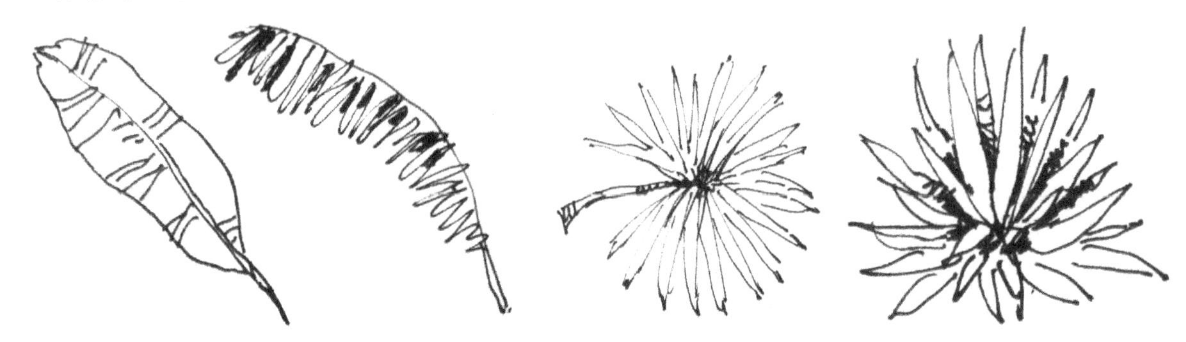

叶片上的粗细不等的脉络叫作叶脉。叶脉可分为对称脉、交错脉、平行脉等。

对称脉：叶脉分支相对伸展，形成网状。

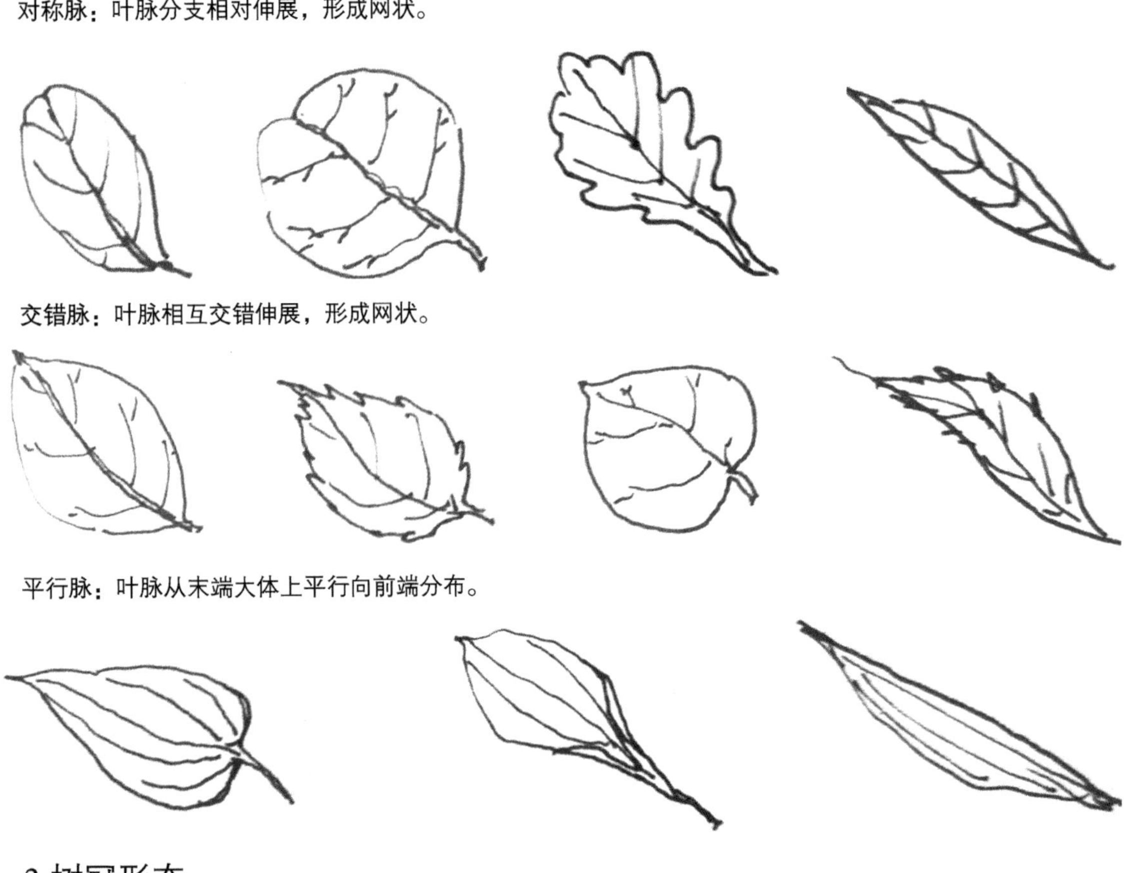

交错脉：叶脉相互交错伸展，形成网状。

平行脉：叶脉从末端大体上平行向前端分布。

3.树冠形态

如果把树干比喻成树的骨头，树冠就是树的肉，没有叶子的树是没有生机的，所以树冠的形态决定了树的茂盛与否，每种树都有其独特的树冠造型，绘制的时候必须抓住其主要形态，不要因为自然形态的树冠造型复杂而感觉无从下手。依照树冠的几何形体特征，可将其归纳为三角形、球形、扁球形、半圆球形、圆锥形、圆柱形、伞形和其他组合形等。

三角形树冠

球形树冠

扁球形树冠

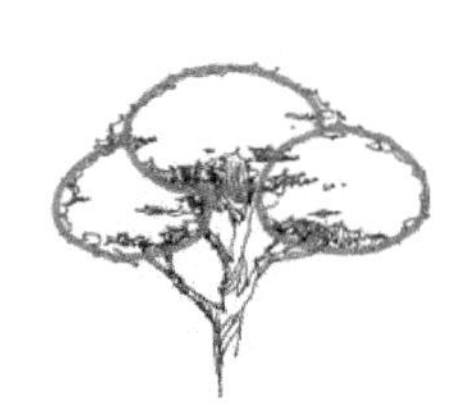

扁球组合形树冠

2.1.3 植物的景观运用

1.构建空间

植物的外形，枝叶分支的高低、向上或者向两侧延展的空间，还有枝叶的疏密程度都是空间构成的主要因素。可以根据植物的形态、大小、位置以及色泽进行组合、排列，构建出不同的空间。植物所构成的空间一般分为以下几种：开放空间、半开放空间、垂直空间、覆盖空间。

开放空间

开放空间主要是由一些低矮的植物作为空间构成的要素，所形成的空间的特点是开阔、向外、无私密性等。

半开放空间

半开放空间和开放空间相似，只是在空间中多了些较高的植物遮挡了部分视线，使得空间开放性减小，视线有一定的约束性，隐秘性增强。

垂直空间

垂直空间是指在空间中植物具有向上引导视觉的作用，往往人的视线在水平空间中被阻断，被限定在内部，这种空间围合感强、隐秘性高、通透性差。

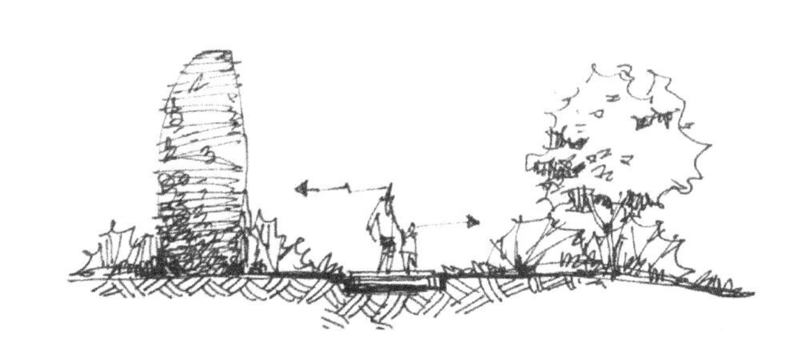

覆盖空间

覆盖空间是指顶部被植被覆盖，树冠与地面之间的空间广阔，人们的视线在上部被阻挡但四周开阔，所以空间具有较高的隐秘性与覆盖感，通透性也很好。

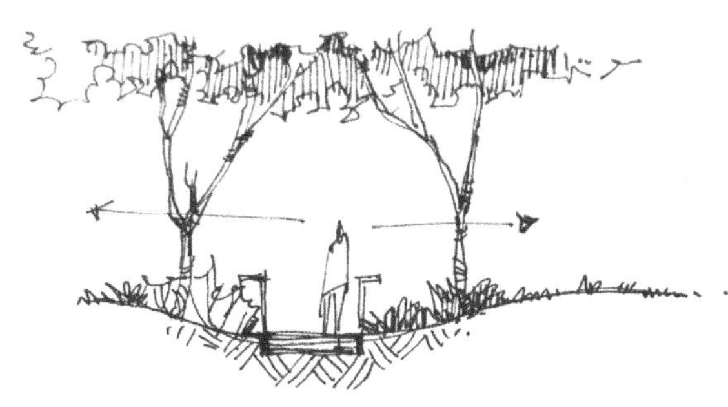

2.美化环境

景观植物有着自己独特的形态、色彩、芳香和韵味，这些特点随着季节及时间的变化不断地丰富和发展。如春季梢头嫩绿、花香四溢；夏季绿叶成荫、浓彩覆地；秋季果实累累、色香齐俱；冬季白雪挂枝、银装素裹，每个季节都有着各自不同的风姿妙趣。我们可以通过对各种植物的组合配置，创造出千变万化的景观，装扮生活中的各个角落。

3.防护作用

景观植物不仅具有营造空间、美化环境、陶冶情操的功能，还具有改善环境、净化空气的防护作用。

改善环境包括：消除真菌、细菌和原生动物；防止水土流失与土地沙化；减弱光照与降低噪声。

净化空气包括：通过光合作用吸收二氧化碳放出氧气；吸收或净化空气中的有毒气体与物质；阻挡空气中的尘埃并增加空气的湿度。

2.2 乔木、灌木植物的画法

树木在景观中主要起到衬托主体物的作用。下面将树木分为常绿乔木、落叶乔木和灌木3部分来详细讲解。

2.2.1 常绿乔木

常绿乔木是一种一年四季都具有绿叶且株型较大的植物。这种乔木的树叶寿命一般是2~3年或更长，每年都会长出一些新叶，新叶长出的同时伴随着部分旧叶脱落，正因为每年叶子都在更新，它可以四季常绿，而且美化和观赏价值相对于其他植物更高，因此常绿乔木通常是绿化的首选植物。

常见的乔木有雪松、白皮松、华山松、黑松、柏树、香樟、广玉兰、棕榈树等。在北方，雪松最为常见；在南方，香樟、棕榈树常常会出现在公园、庭院、广场和学校等地方。

形态特征：树身高大，由根部发生独立的主干，树干和树冠有明显区分。

雪松是常绿乔木中最具代表性的植物之一，树冠呈尖塔形，树枝略微下垂，叶子呈针形。雪松的绘制要点在于对树冠层次及叶子形态的把握。

1.雪松的绘制

（1）先画出树干，定好其在画面中大体的位置，然后用几个点在画面中标出树上部的大体轮廓。

（2）依次向下，画出树的整体轮廓和树枝的形状。

（3）画出树上的明暗交界线，通过拟定光源在枝干下方画出阴影区，然后画出后景的两个树干来衬托主体物。

（4）根据绘制第一棵树的方法依次快速画出后面的两棵树，注意与前景树的区别。

（5）进一步刻画阴影，然后把后景树用排线的方法整体压暗，这样使前景树显得更加有层次，注意侧重压暗最下端的阴影。

（6）完善树冠与树干的阴影，然后在地面排线表现细节层次。画到这一步已经可以作为草图配景，根据画面的塑造程度可以考虑加不加树的阴影关系。

2.棕榈树的绘制

棕榈树的表现主要在于叶子的画法，把握好叶子开裂的特点及外观形状，多加练习，很快便能掌握棕榈树的画法。

（1）画出树干的轮廓，用点线标出树叶大体的位置。

（2）画出树干及主要的树叶与叶柄。

（3）画完剩余的叶子，主要刻画前面的叶子，后面的叶子只需要画出大致的轮廓就好。

（4）加重叶子末端，画出叶子下面的阴影，然后画出树干上的纹理。

（5）进一步完善树叶、树干，侧重压暗中间叶子下方的阴影并添加地面的细节。

2.2.2 落叶乔木

落叶乔木是指到了秋冬季节树叶全部脱落的乔木，一般树叶存在期较短，到了秋季叶子便会脱落，然后进入休眠期。绝大部分落叶乔木都处于温带气候区，夏天繁茂、冬天落叶，少数树种可以带着枯叶越冬。常见的落叶乔木有槐树、悬铃木、银杏、栾树、杨树、柳树、枫树、樱花等。

形态特征：树冠呈倒伞形，侧枝开展。

落叶乔木的绘制

（1）画出树干，注意树枝之间前后关系的表现，特别是枝干之间衔接的地方。

（2）用抖线画出靠前的树冠，作为参考。

（3）塑造形体，用抖线画出整个树冠的造型。

（4）画出树冠空隙中的树枝，用小组的抖线完善树冠上的树叶。

（5）用排线画出整棵树的明暗关系，塑造出树冠的体积感。

（6）局部加重树冠上的阴影与树枝的暗面，丰富画面的层次，进一步塑造树干的体积。

（7）整体调整画面，用小的纹理笔触画出树冠的体积感，然后刻画地面的细节，注意树干纹理的渐变，完善画面。

2.2.3 灌木

灌木是指没有明显主干，矮小而丛生的木本植物，多年生。一般可分为观花、观果、观枝干等几类。主要作用是填充和点缀画面，适当遮挡局部，由于低矮灌木丛的轮廓线自然、富有韵律，可起到为画面增添层次和节奏的作用。

灌木一般为阔叶植物，也有一些针叶植物。常见灌木有杜鹃、牡丹、金银木、小檗、黄杨、龙柏、铺地柏、连翘、迎春、碧桃等。

1.单组灌木的绘制

（1）画出植物的枝干，画枝干时线条要轻松，不要拘谨。

（2）用抖线画出枝干上方的轮廓造型，分出植物树冠的大致层次。

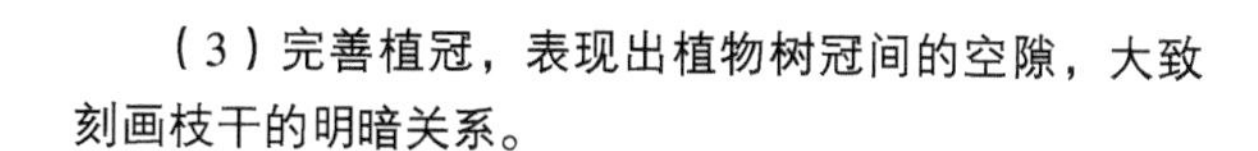

（3）完善植冠，表现出植物树冠间的空隙，大致刻画枝干的明暗关系。

（4）用排线法画出灌木大致的暗部，强化明暗交界线的处理，使植物的植冠更具立体感。

（5）整体调整画面，刻画植冠的纹理感，画出地面的细节及投影，注意枝干纹理的渐变，完善画面。

2.多组灌木的绘制

（1）用抖线画出灌木的轮廓。

（2）画出靠前灌木丛的基本轮廓，注意轮廓线要有空间关系。

（3）画出后面灌木丛的轮廓，注意近大远小的对比。

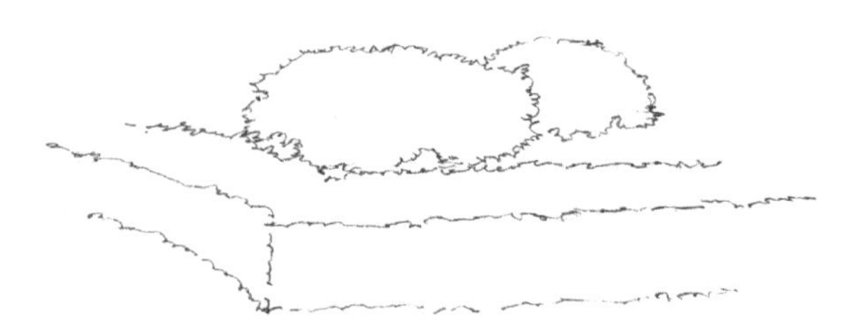

（4）画出植物的纹理，依据明暗关系，注意交界线处叶子的方向。

（5）用排线法画出植物的明暗关系，以及局部用来过渡的抖线。

（6）局部加重暗部层次，加重两组灌木丛之间的衔接部位，以增强前后对比，画出地面细节。

2.3 藤本、草本植物的画法

2.3.1 藤本植物

藤本植物细长，不能直立，所以需要依附别的植物或支持物，缠绕或攀缘向上生长。在景观空间中，一般利用藤本植物进行垂直空间的绿化拓展，增加城市绿化量、提高整体绿化水平、改善生态环境。

依据藤本植物茎质的不同，又可分为木质藤本，如葡萄、紫藤等；草质藤本，如牵牛花、长豇豆等。

藤本植物的绘制

（1）画出藤架的位置关系。

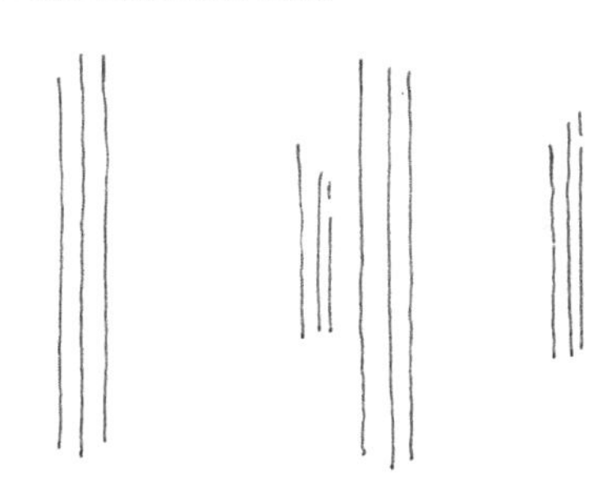

（2）完善柱子，顺着柱子画出植物的茎，用笔自然曲折。画茎的时候要注意画出穿插关系。接着画出靠前藤枝的轮廓，注意疏密关系。

（3）塑造形体，画出地面铺装并用抖线画出整个树冠的造型。

（4）完善细节，画出植冠空隙中的枝杈，用小组的抖线完善植冠上的树叶并添加一些伸出的枝叶。

（5）用排线法画出植物的明暗关系，主要表现植物冠幅下方与植冠空隙处的阴影。

（6）画出藤枝的肌理并加强植冠下方的阴影，可用排线叠加画出细节层次，再添加地面草丛等细节。

（7）添加细节关系，如植冠的肌理感，然后画出地面的阴影，并加深细部的明暗关系。

2.3.2 草本植物

1.草坪的绘制

草坪在园林布局中经常作为配景来使用。主要因为草坪低矮、整齐、色泽均匀，有良好的视觉效果，对地形、水体、建筑及周边植物、道路等都可起到非常好的对比、调和、烘托及陪衬作用，它可以使主体建筑、景观小品等更加突出。

（1）用直线快速标出草地的位置，注意构图，要左右均匀。

（2）先画出左侧草地的轮廓，再画出前侧草地。注意透视的把握，视点不要太高。

（3）完善线稿，画出左侧草地纹理与明暗。

（4）在原来基础上画出草地前面的阴影，依照上面的绘制方法，在右侧画些草。这样做的目的是让画面的构图均称，进一步塑造草坪的画面感。

（5）完善前景，用点笔法画出地面的纹理，以增加画面丰富度与草坪的层次。

2.花丛的绘制

花丛多出现在景观效果图或者草图中，一般的草丛、花卉等植物太小，几乎可以忽略其形态，所以通常用概括的手法来画。

（1）画出花丛中的主要花朵。

（2）画出花的叶子以及周边的植物，注意植物叶片的前后穿插。

（3）添加近景的草丛，并画出大致的明暗关系，主要为花丛中叶下的阴影。

（4）添加后景的植物，然后加重草丛中的间隙并刻画前方地面明暗关系。

（5）使用排线法画出近景植物与远景植物的明暗层次，还有地面上的阴影。

（6）进一步完善画面，以增加花丛的透视感与层次感。

3.草丛的绘制

草丛和花丛在景观效果图中的作用一样，也采用概括的手法来画。

（1）画出草丛中的石头，注意留出草地的位置。

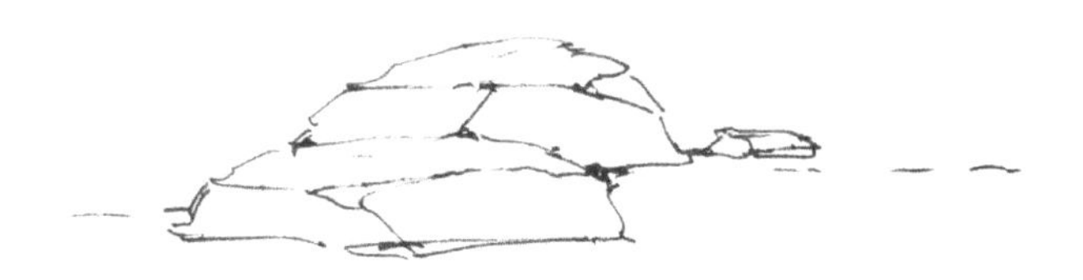

（2）画出石头周围的草丛，注意植物叶片的前后穿插。

（3）在石头后方添加远景阔叶的草本植物及近景的草地细节。

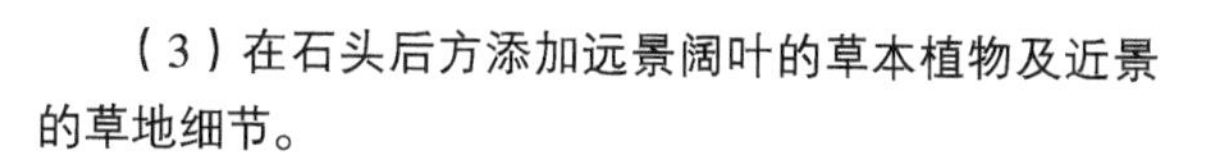

（4）用抖线在后景的左右两侧画出两处小灌木，然后用排线画出地上的阴影及石头，以及草丛的明暗关系，局部加重草丛中的间隙。

（5）通过排线加深分出近景植物与远景植物的明暗层次，然后画出石头在植物上的阴影。

4.水生植物的绘制

水生植物在河道、池塘、湿地、公园中出现得比较多，一般分布在河岸周边，水中也会有些许的水生植物。根据水生植物的生活方式可将其分为湿生植物、挺水植物、沉水植物、浮叶植物、漂浮植物。

（1）画出水面的位置关系。

（2）在中间区域的水线上方画出水生植物的叶柄，注意轮廓线要有空间关系。

（3）完善水生植物的轮廓细节，主要表现叶子间的穿插关系。水草的部分大致完成。

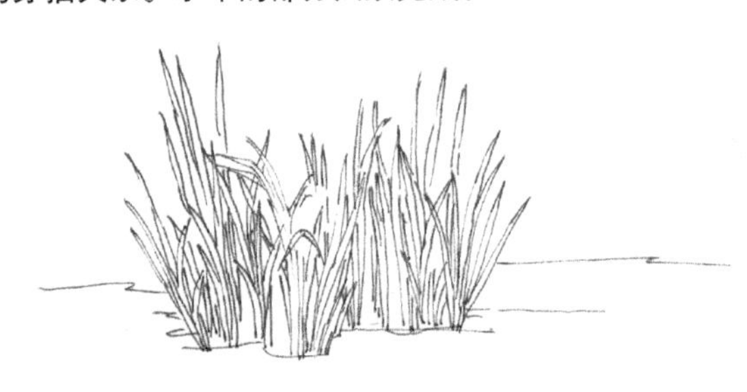

（4）为画面添加细节，在叶端的间隙空间处绘制些花朵，然后在水面画一些浮水的植物来丰富画面。

（5）通过排线画出水生植物的明暗层次，尤其是近水面处的阴影，在水面上增添些水纹、倒影。

（6）完善水生植物的阴影，然后开始刻画水中植物的倒影，一般用横排线顺着近水面处往下排线。注意倒影要与植物保持位置关系，刻画倒影的时候只需要画出大致轮廓就好，无须抠细节。

2.3.3 竹类

竹子属于乔木状禾草类植物，种类繁多、形态各异，其分布区域非常广阔，从热带到温带地区都能种植，但大多数是生长在热带与亚热带地区。竹子枝杆挺拔、修长，四季青翠，凌霜傲雨，备受古代文人的喜爱，与梅、兰、菊并称为“四君子”，与梅、松并称为“岁寒三友”，所以在中国园林景观中很常见。

竹子的绘制

（1）画出竹子的竹竿及位置关系，注意在画竹竿的时候要画出竹节的骨节感。

（2）画完竹竿后要画出靠前竹叶的轮廓，在画竹叶的时候要注意刻画出竹叶的尖锐感和分叉感，注意整体轮廓线要有空间关系。

（3）画出竹子顶端冠幅的轮廓，根据空间关系的不同在轮廓表现上也应有疏密的变化，注意画出竹叶间的空隙并画出竹竿。

（4）刻画地面。以太湖石作配景，画出石头的轮廓，注意把握石头叠加的节奏关系。

（5）深化地面细节，在石头与竹子的间隙处画一些草丛作点缀，并画出石头的肌理与明暗关系。

（6）画竹冠的阴影，并画一些竹叶的细节纹理来丰富层次。

（7）用排线画出竹叶的阴影，然后加强地面与冠幅下方层次的阴影关系，检查细节，绘制完成。

第 3 章

景观质感的表现

3.1 常见铺装材质的表现

3.1.1 嵌草砖

1.基础表现

（1）画出方形砖块的方格网。

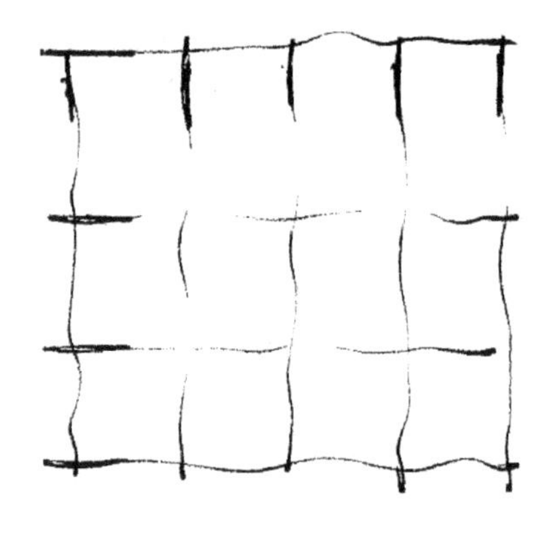

(2)用植物线条画出嵌草部分。

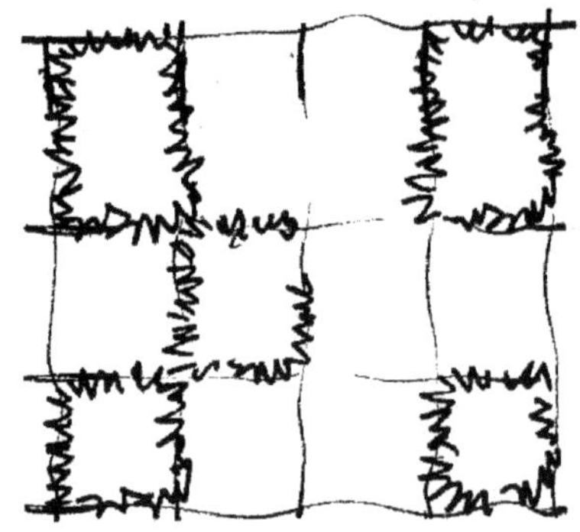

（3）打阴影线，加深植物暗部质感。

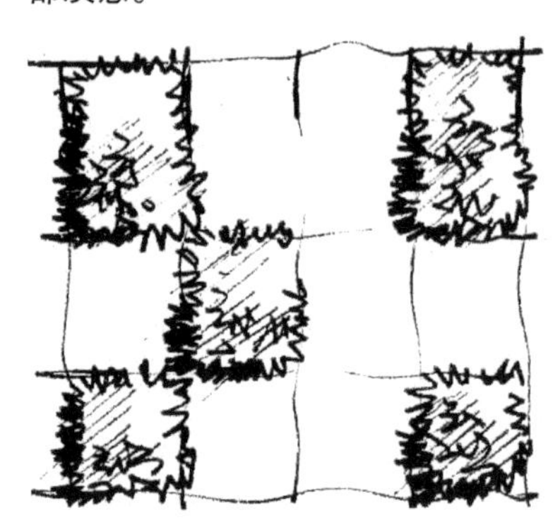

2.实际运用

（1）用抖线画出铺装的透视轮廓线。

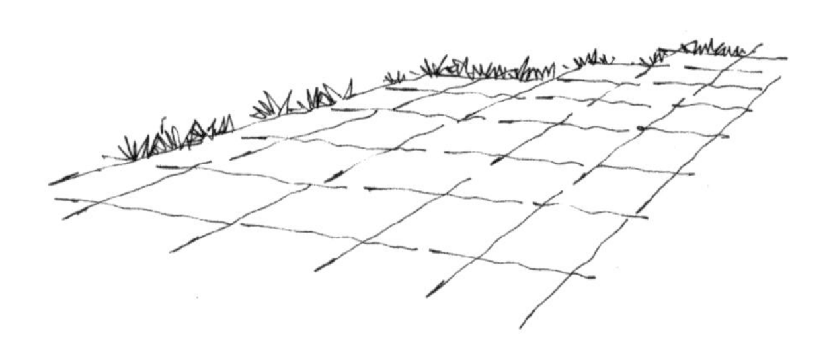

（2）画出嵌草部分。

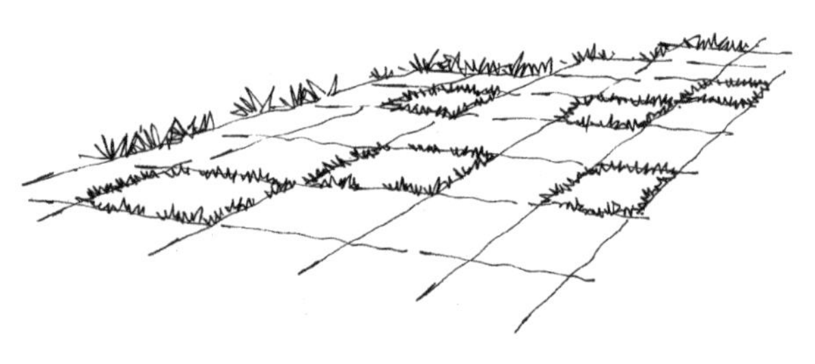

（3）加深植物暗部阴影。

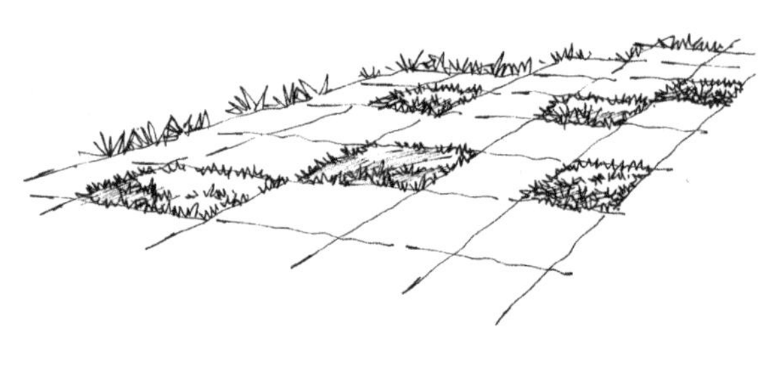

（4）用阴影丰富铺装样式，丰富画面效果。

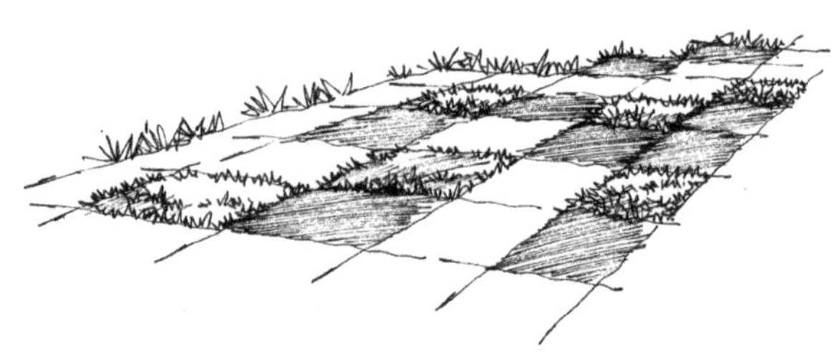

3.1.2 条形砖、鹅卵石

1.基础表现

条形砖

（1）画出条形砖的横向线条。

（2）画出竖向的线条，体现砖块质感。注意不要按准确的交错位置去画，以免呆板。

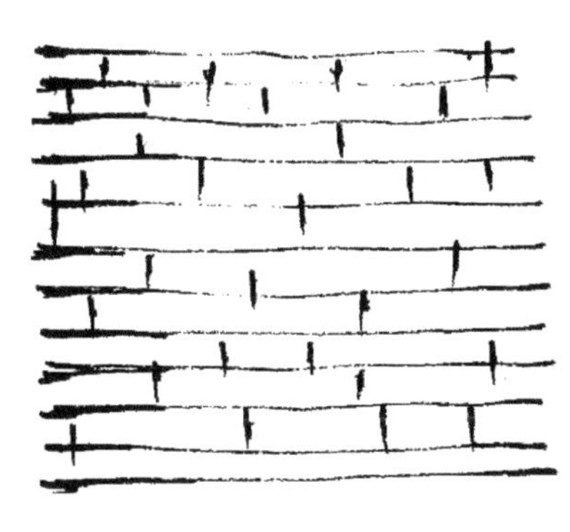

（3）加深砖缝的细节，然后用阴影刻画砖块的质感。

鹅卵石

（1）画出较大块的鹅卵石，注意卵石要横向扁着画。

（2）在缝隙中画出较小的鹅卵石。

（3）加深缝隙的阴影，增强鹅卵石的质感。

2.实际运用

（1）画出铺装的横向透视线。

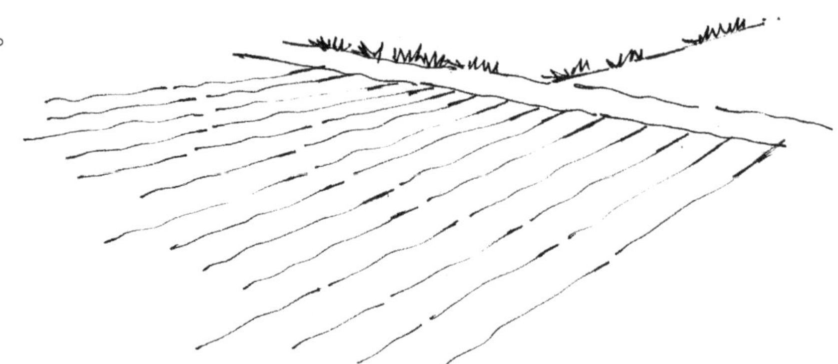

（2）画出砖块的大小。

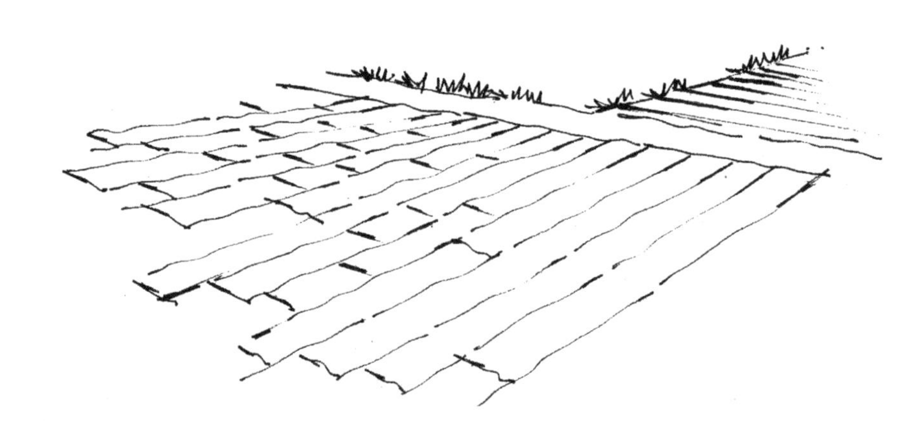

（3）画出铺装边缘的条形砖的厚度，并加深阴影。

（4）画出条形砖旁边散置的鹅卵石，绘制阴影以体现条形砖丰富的质感。

3.1.3 预制光面石材碎拼

1.基础表现

预制光面石材：在景观设计中，往往会根据设计方案的要求定制特需的铺装样式，需要单独加工成需要的石材外形。

（1）画出石材的轮廓，注意在石块间留缝。

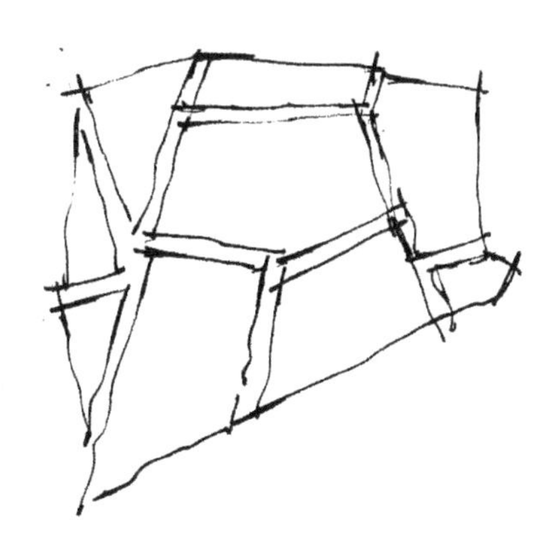

（2）画出填充石材缝隙的鹅卵石。

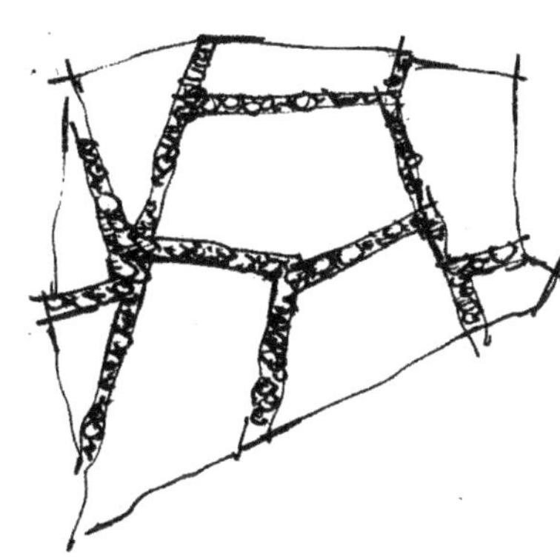

（3）在石材表面刻画直线阴影，以表现石材光滑的表面。

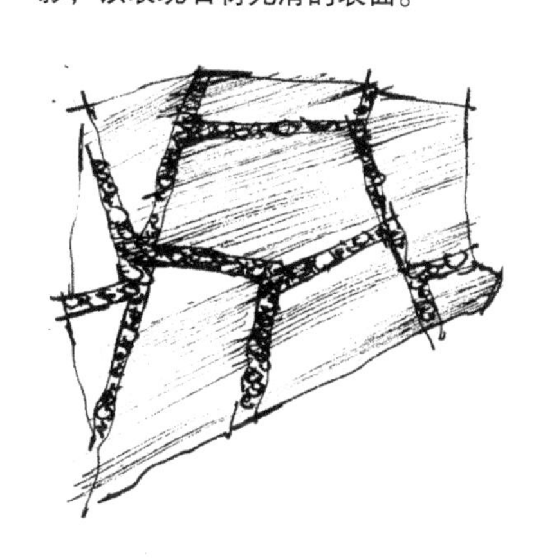

2.实际运用

（1）画出石材的轮廓，注意在石块间留缝和近大远小的透视关系，越远处的石块越扁平。

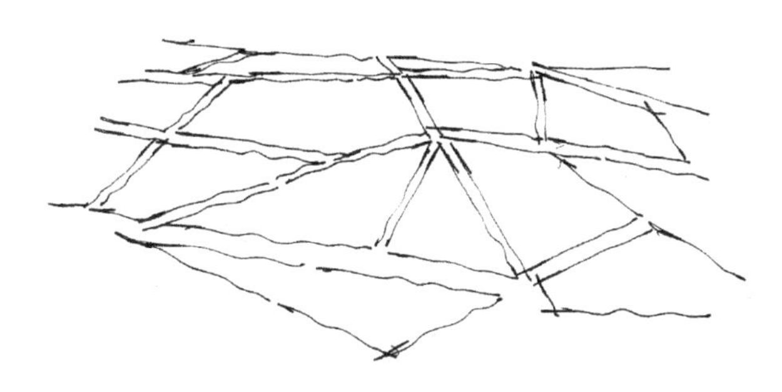

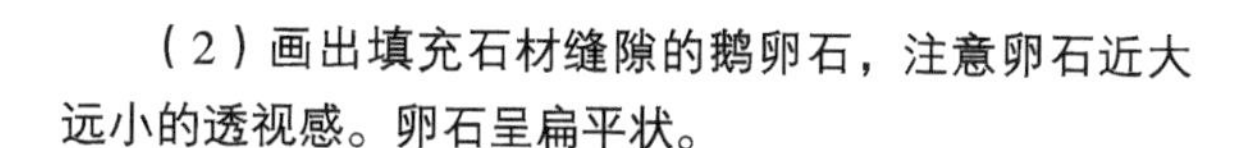

（2）画出填充石材缝隙的鹅卵石，注意卵石近大远小的透视感。卵石呈扁平状。

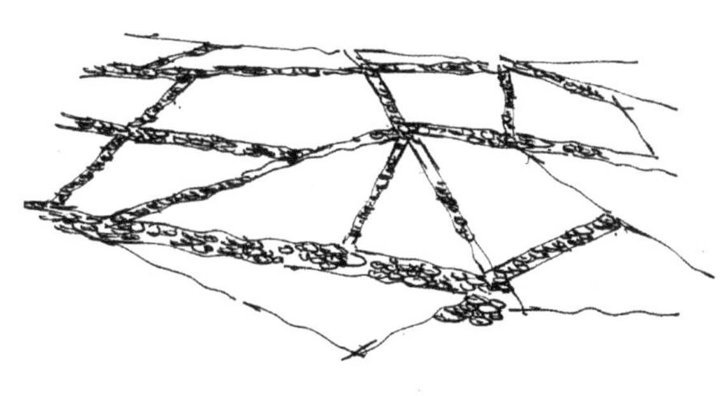

（3）加深缝隙间阴影的暗部。

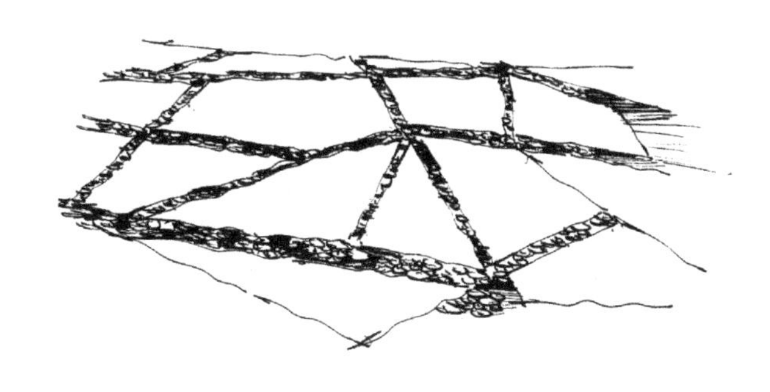

（4）在石材表面用排线表现阴影，体现石材光滑的表面，注意阴影线的方向要保持一致性。

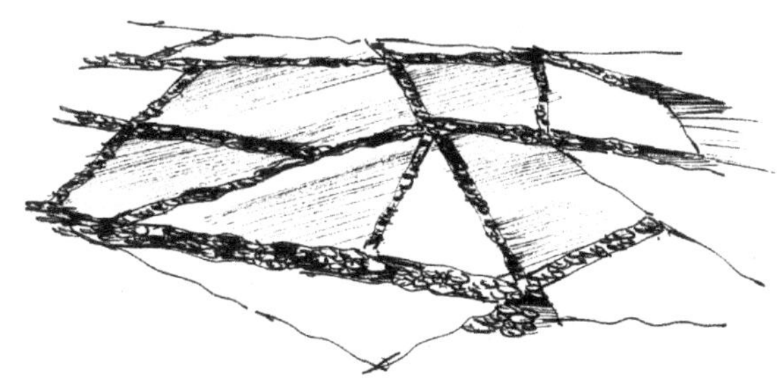

3.1.4 防腐木

1.基础表现

（1）画出表现防腐木材质的横向线条。

（2）在接缝处画出双线，防腐木之间要留缝。

（3）画上阴影，体现材质的质感。

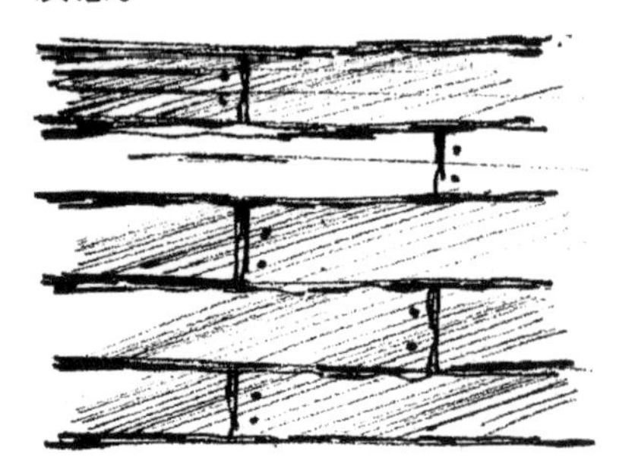

2.实际运用

（1）画出防腐木铺装的透视轮廓线及周边的植物配景。

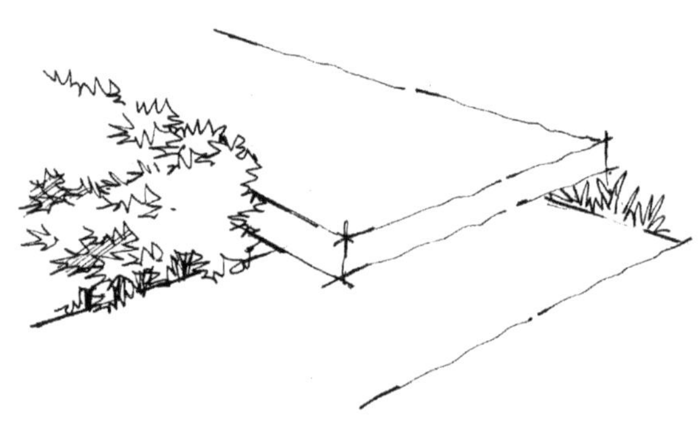

（2）画出防腐木的木块轮廓线。

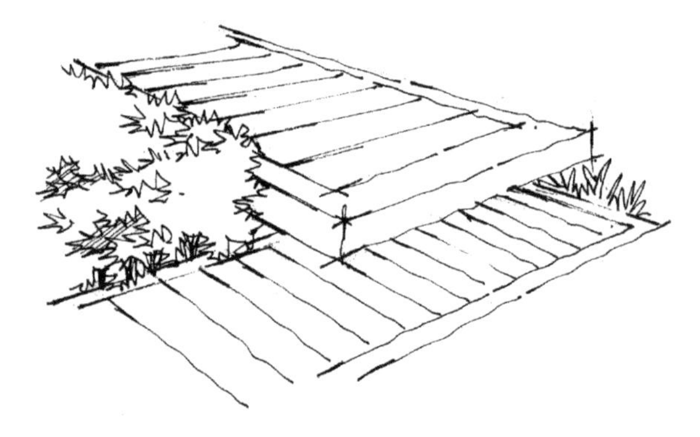

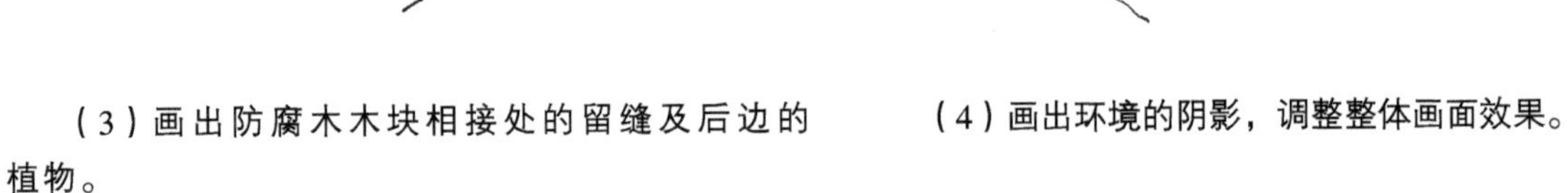

（3）画出防腐木木块相接处的留缝及后边的植物。

（4）画出环境的阴影，调整整体画面效果。

3.1.5 马赛克

1.基础表现

马赛克是一种装饰材料，专业名词为“锦砖”，分为陶瓷锦砖和玻璃锦砖两种，通常由许多方形小石块或有色玻璃碎片拼成丰富的图案，广泛应用于室内装饰设计领域。在景观设计中，马赛克常用作室外泳池、人工水池等的贴面材料。

（1）用抖线画出马赛克的竖向纹理。

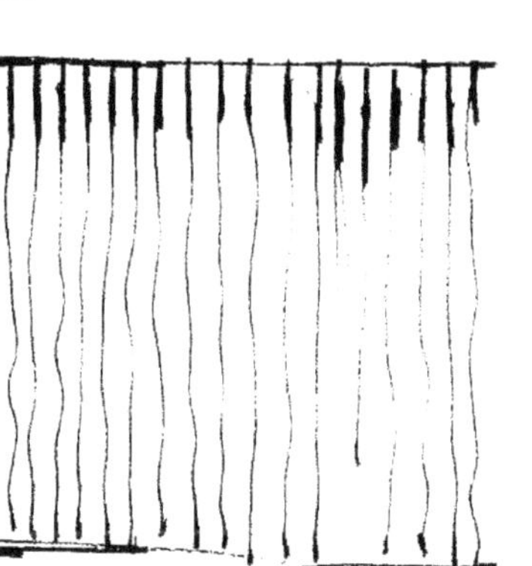

（2）用抖线画出马赛克的横向纹理。

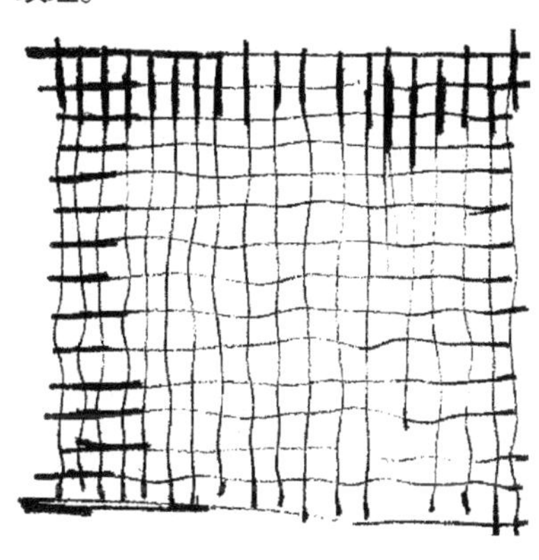

（3）用绘制阴影的方式表现出马赛克的质感。

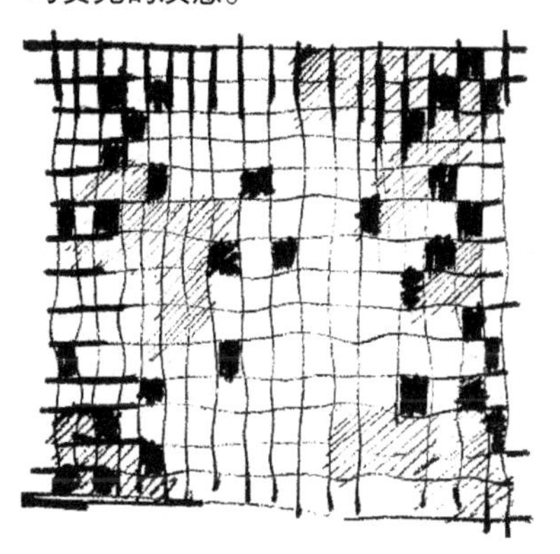

2.实际运用

（1）画出泳池马赛克台阶的透视轮廓线。

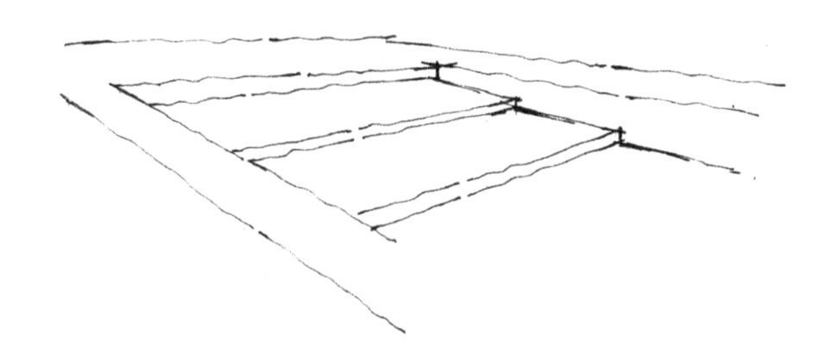

（2）在台阶上画出马赛克的网格线。

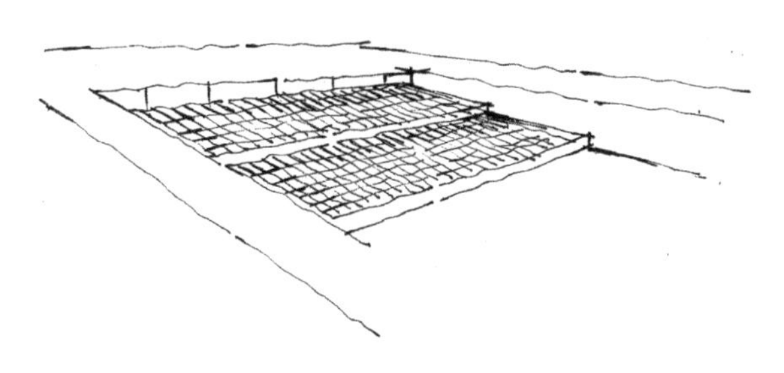

（3）在竖向立面画出阴影。

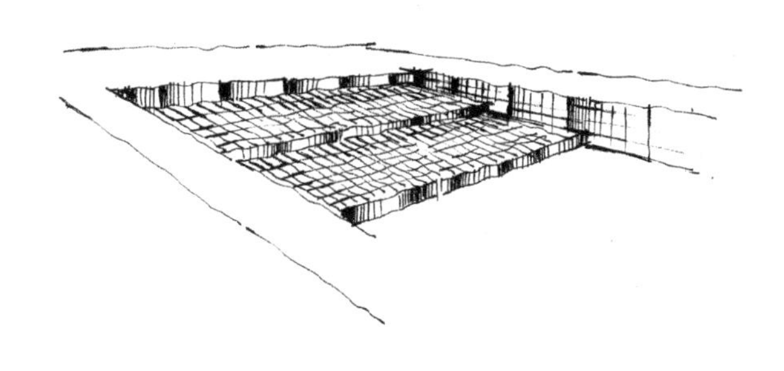

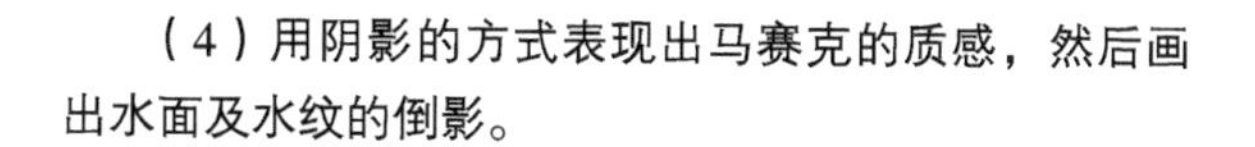

（4）用阴影的方式表现出马赛克的质感，然后画出水面及水纹的倒影。

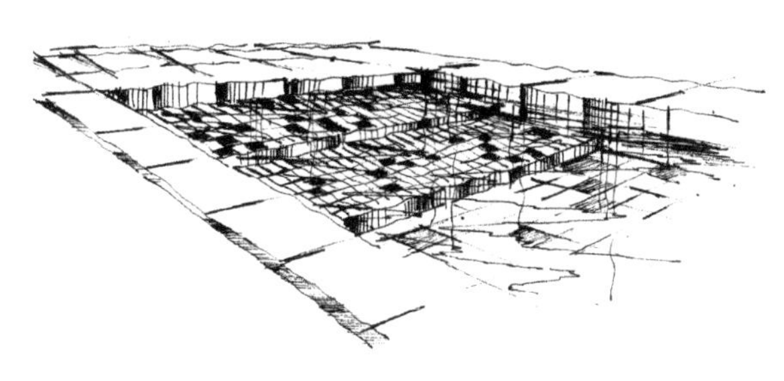

3.1.6 自然石块

1.基础表现

（1）画出石块的轮廓。

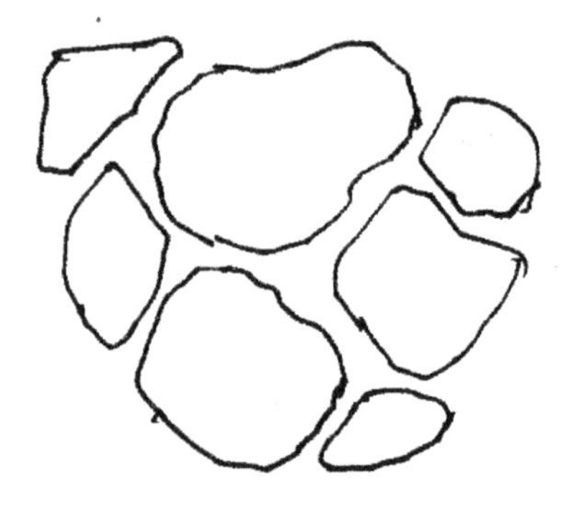

（2）画出石头表面的纹理及质感。

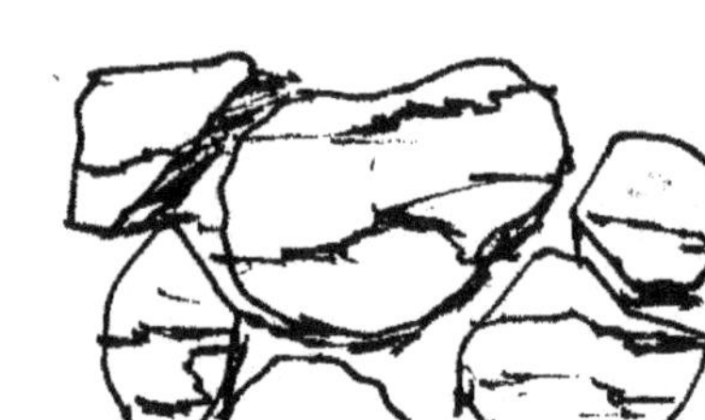

（3）加深间隙阴影的暗部，然后画出石块间的植物。

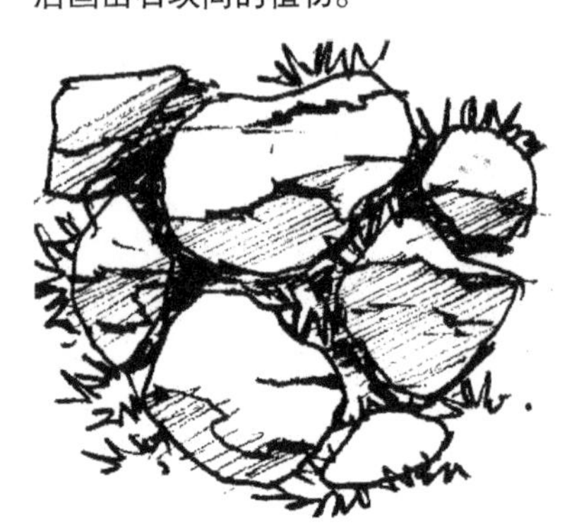

2.实际运用

（1）以自然石块的台阶为基础，画出周边的植物配景。

（2）画出自然石块台阶的主要轮廓线，注意石块的顶面要画得扁平一些。

（3）画出石块表面的纹理及质感。

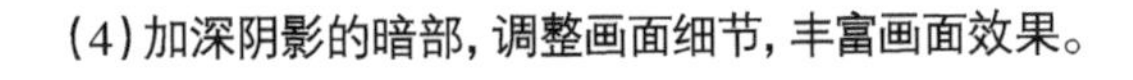

（4）加深阴影的暗部，调整画面细节，丰富画面效果。

3.2 常见景墙材质的表现

3.2.1 原木、文化石

1.基础表现

原木材质

原木就是将树木的枝干按照一定的尺寸、形状、质量的标准规定或特殊规定截成的一定长度的木段。

（1）画出原木的轮廓。注意大小的搭配，体现自然的质感。

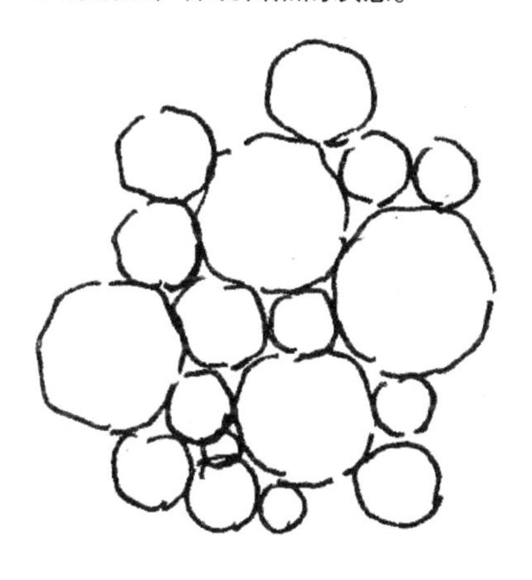

（2）画出原木的年轮。

（3）加深缝隙的暗部，体现质感。

文化石材质

文化石是一个统称，它分为天然文化石和人造文化石，一般作为建筑外墙、景观墙等的装饰材料。文化石因其独有的纹理及色调，给人一种超凡脱俗、返璞归真的感觉。

（1）画出文化石横向的纹理，用扫笔的笔触表现深浅不同的线条。

（2）画出竖向的纹理及质感。

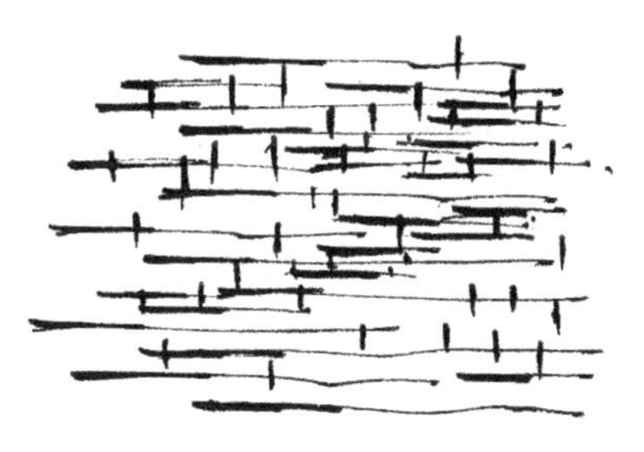

（3）加深纹理、缝隙的暗部，体现质感。

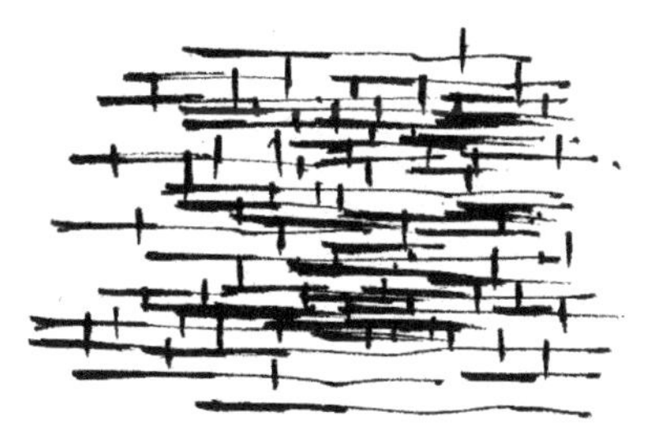

2.实际运用

（1）画出景的墙轮廓及周围简单的配景。

（2）画出景墙文化石的横向纹理及墙面装饰的原木轮廓。

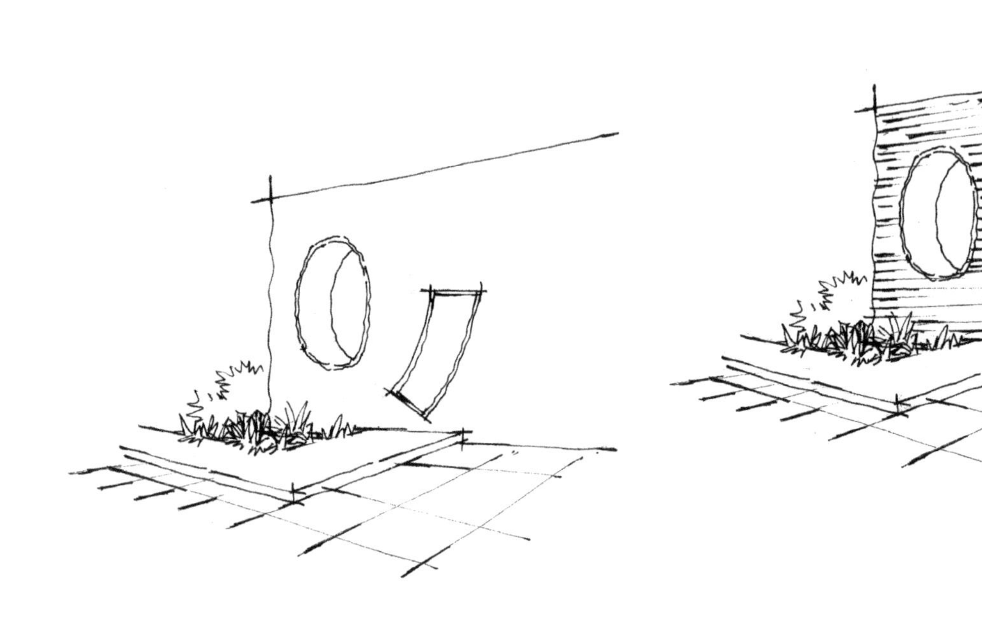

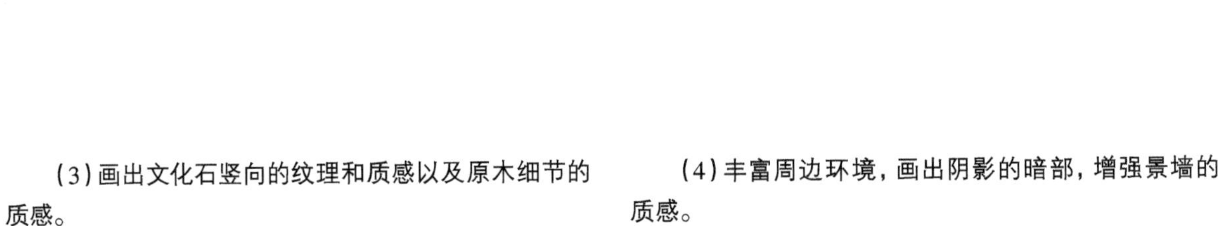

（3）画出文化石竖向的纹理和质感以及原木细节的质感。

（4）丰富周边环境，画出阴影的暗部，增强景墙的质感。

3.2.2 光面天然石材

1.基础表现

对天然石材的表面进行机械研磨、抛光加工，可形成镜面质感的光面石材，其光度和平整度都较高，常作为建筑装饰材料应用于建筑的室内外设计、幕墙装饰和公共设施建设领域。

（1）画出石材的轮廓。

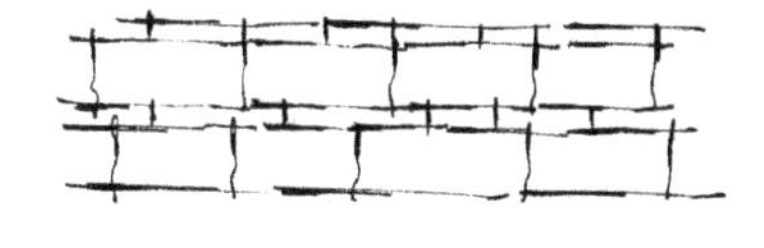

（2）画出多层堆砌的石材墙面，注意大小和左右位置要互相交错。

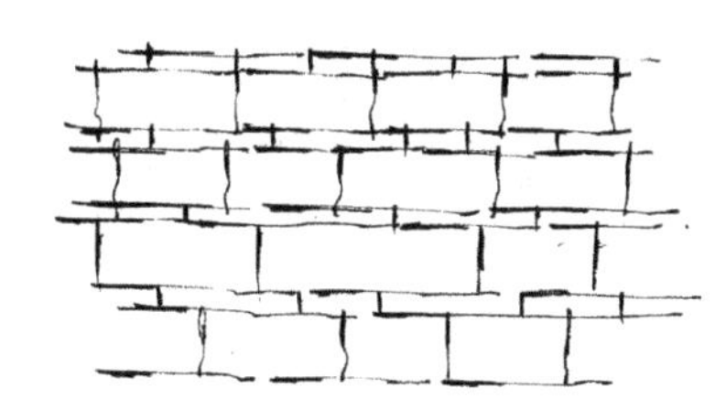

（3）绘制阴影，加深砖缝的细节，体现材质的质感。

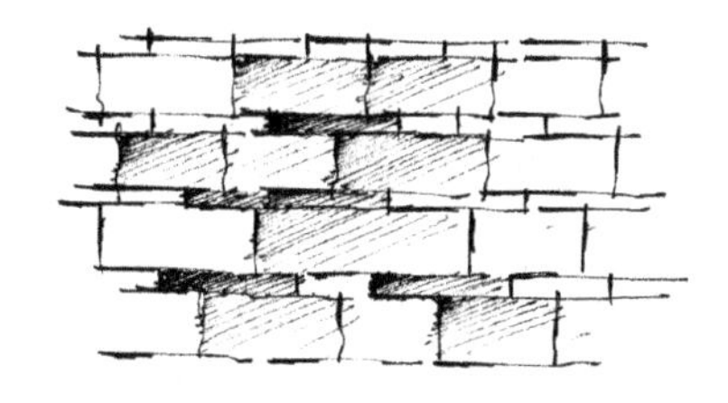

2.实际运用

（1）画出石材景墙及水中汀步的透视轮廓线。

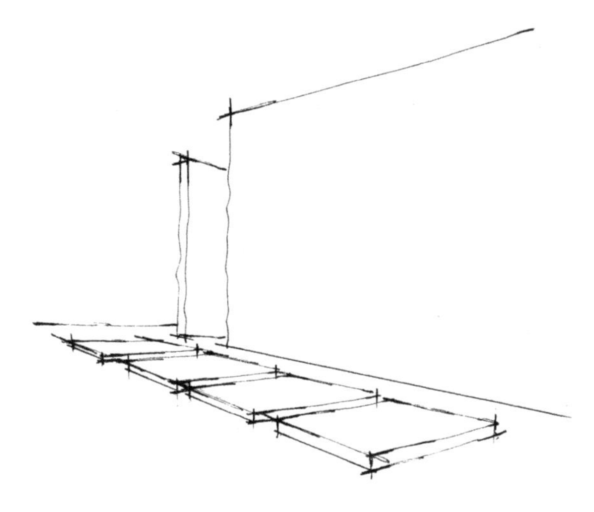

（2）画出景墙石材的横向透视线，注意宽窄的变化。

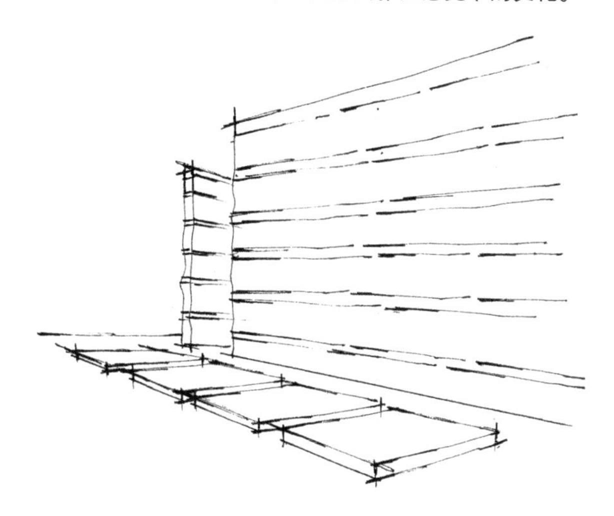

（3）用抖线画出石材的大小，注意大小和交错的位置关系。

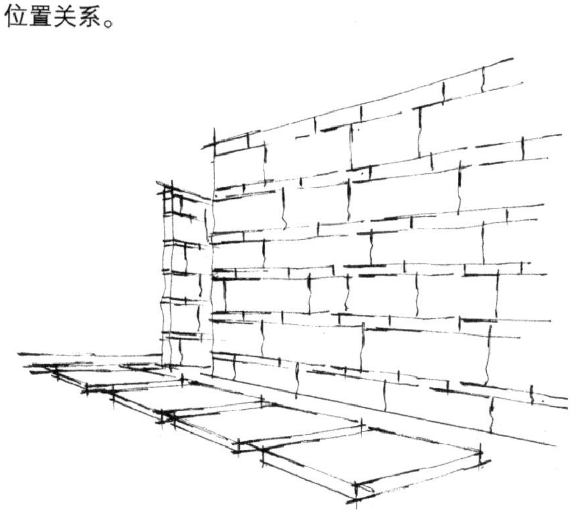

（4）深入刻画石材景墙的暗部质感，然后画出水中汀步的倒影，接着调整画面，丰富画面效果。

3.2.3 立体绿化

1.基础表现

立体绿化是指根据不同的环境条件，选择适宜的攀缘植物或其他植物，将植物铺贴于构筑物及其他空间结构立面上的绿化方式。

（1）用植物线条画出植物的轮廓。

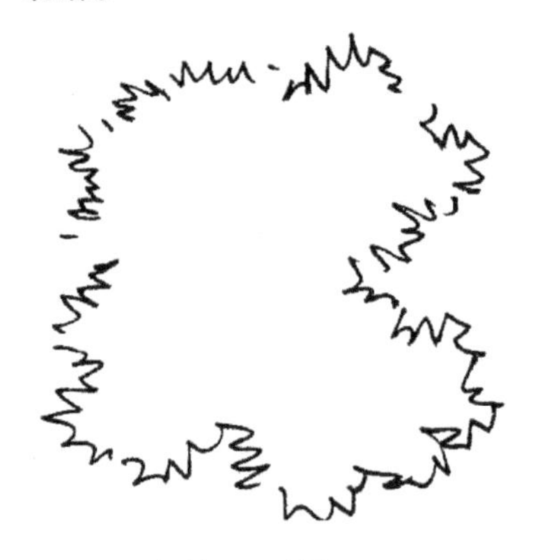

（2）细化植物表面的质感，画出明暗面。

（3）在植物暗部画上阴影线，体现植物的立体感。

2.实际运用

（1）画出植物景墙的透视轮廓线及地面铺装。

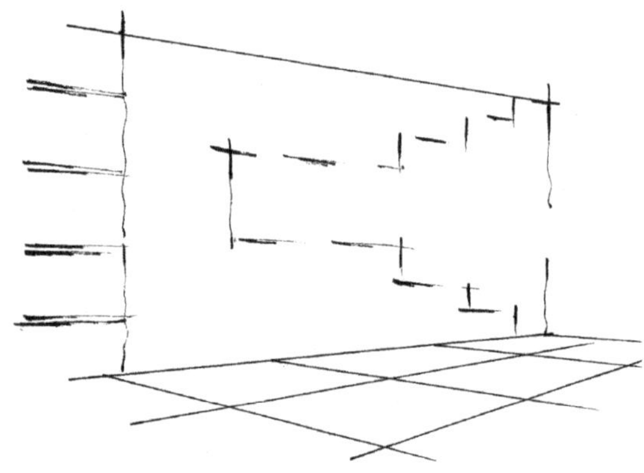
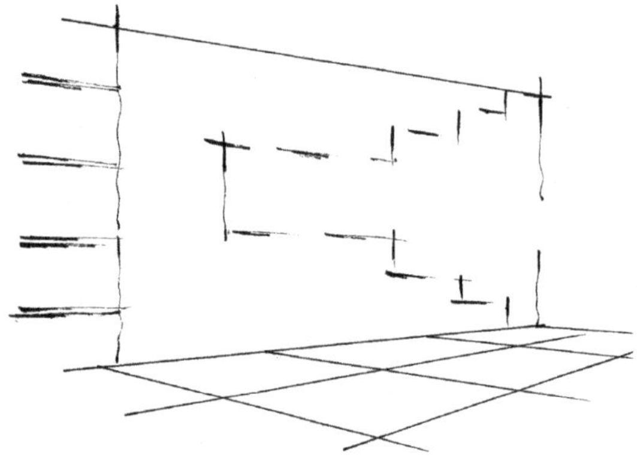

（2）画出植物的轮廓及墙面的横向纹理。

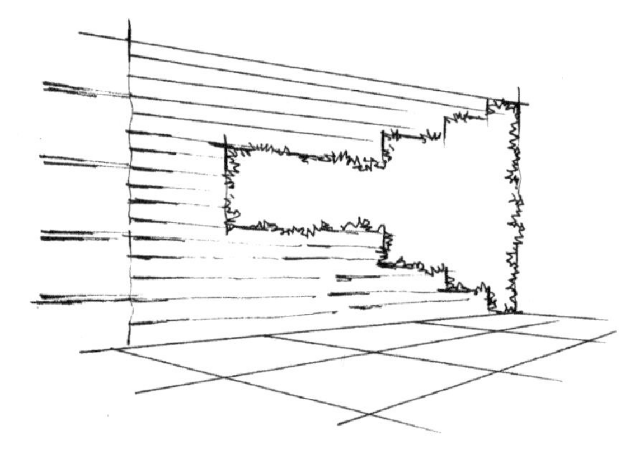

（3）细化植物的纹理及质感。

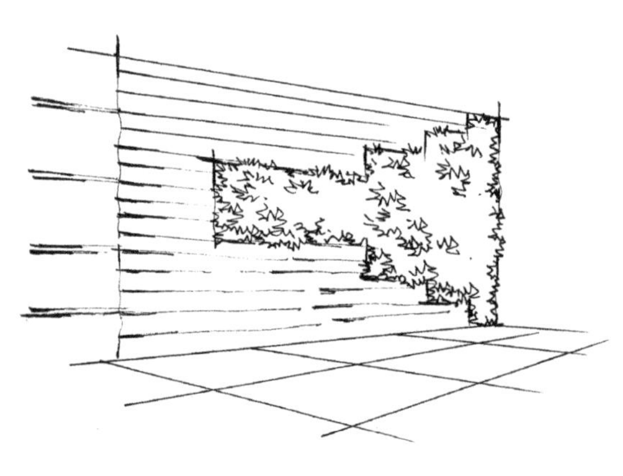

（4）深入刻画植物景墙暗部的质感，画出周围的配景植物，然后调整画面，丰富画面效果。

3.2.4 石笼

1.基础表现

石笼是生态格网的一种形式，是为防止河岸或构筑物受水流冲刷而设置的装填石块的笼子，现常用于景观设计中。

（1）画出石笼的网状结构。

（2）画出笼中大小交错的石块。

（3）加重石块缝隙的阴影，然后绘制阴影线并深入刻画石块的质感。

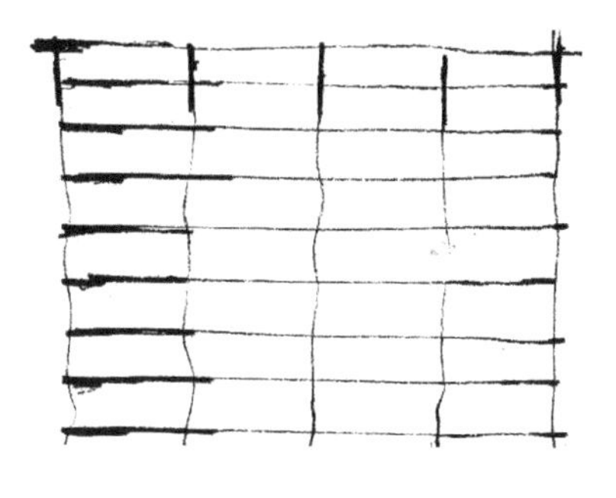

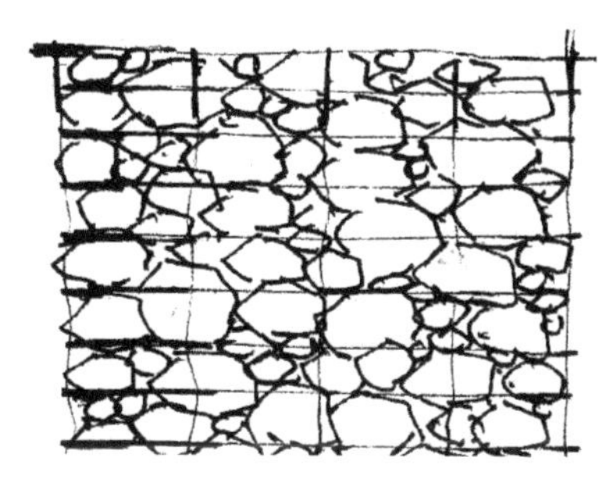

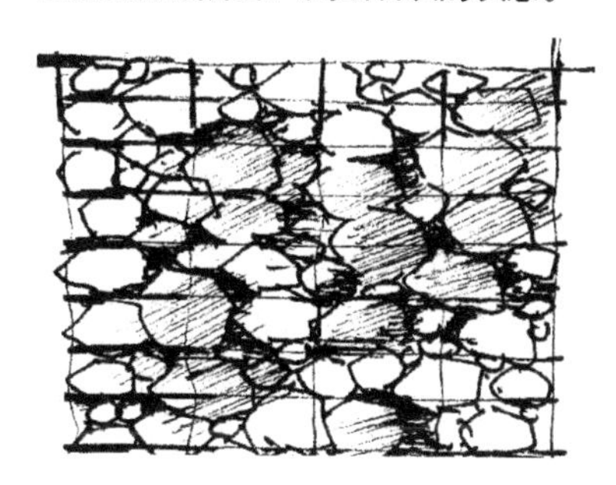

2.实际运用

（1）画出景墙的透视轮廓线和周围的植物。

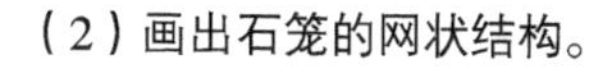

（2）画出石笼的网状结构。

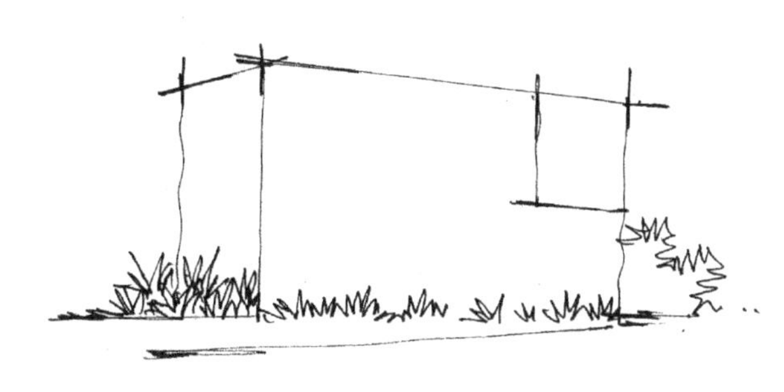

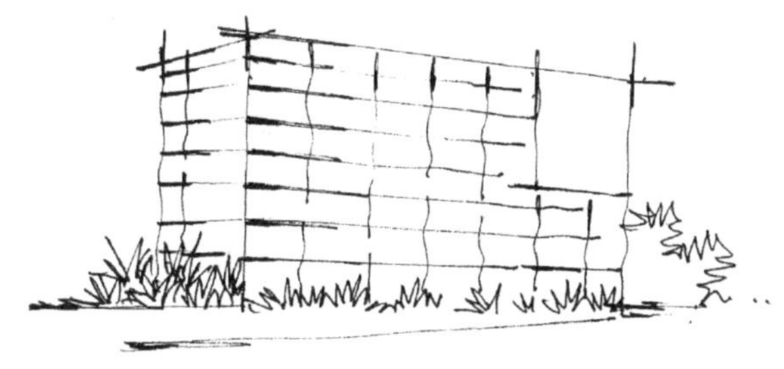

（3）画出笼中的石块，注意大小的对比。不要画得太过密集，以免影响画面效果。

（4）加重石块缝隙的阴影，然后绘制阴影线并深入刻画石块的质感，接着调整画面，丰富画面效果。

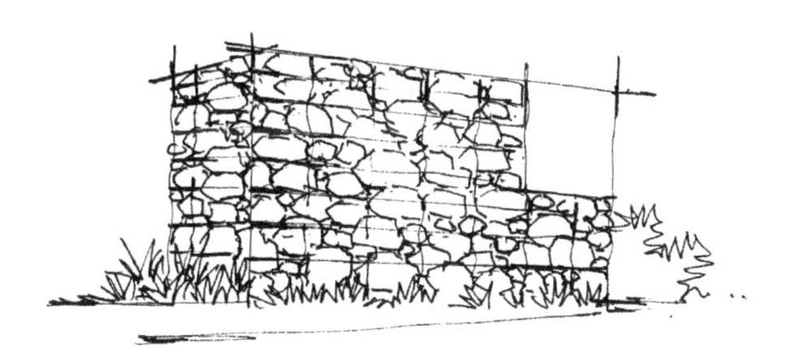

3.2.5 不锈钢板

1.基础表现

不锈钢板可根据景观要求预制出需要的结构造型。

（1）画出金属装饰的外形。

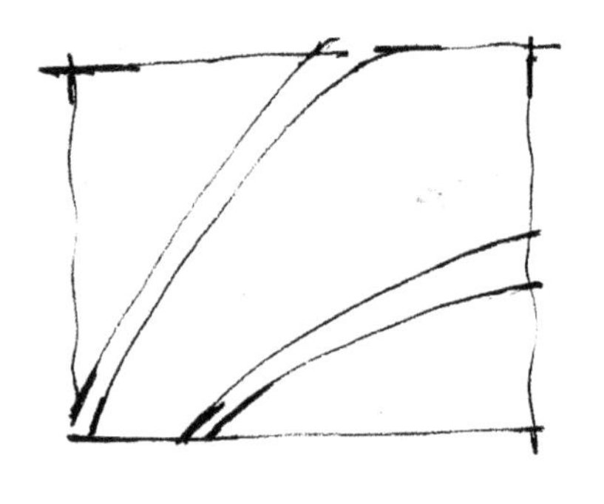

（2）细化装饰的细节。

（3）由于金属材质的反射特性，所以要用斜向的线条增强金属反射的质感。

2.实际运用

（1）画出景墙的透视轮廓线。

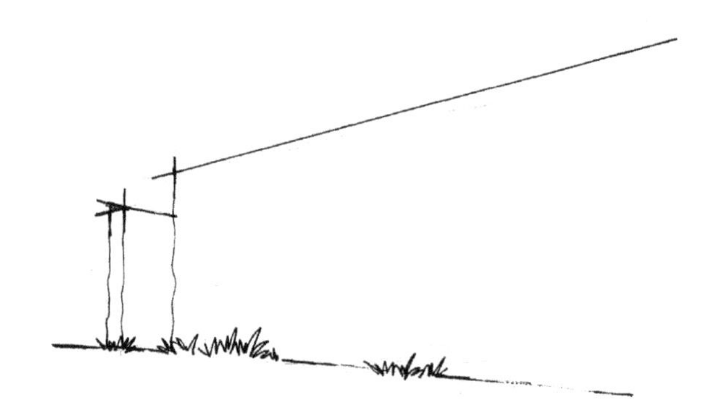

（2）画出片状金属造型的轮廓。

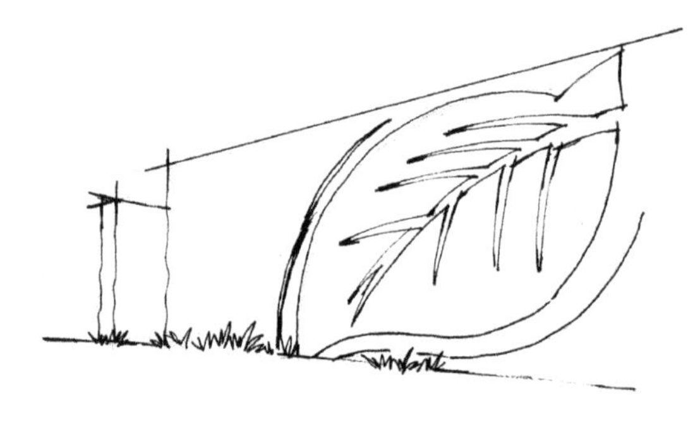

（3）画出片状金属造型的厚度，并加深阴影。

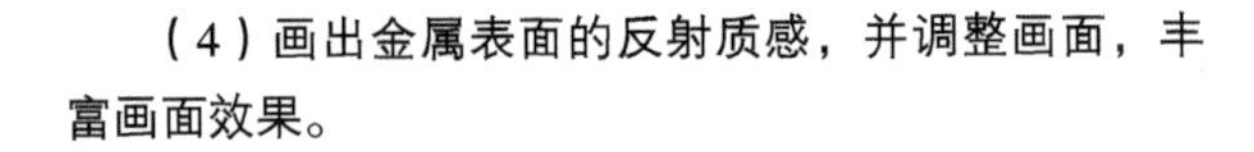

（4）画出金属表面的反射质感，并调整画面，丰富画面效果。

3.3 景观亭常见材质的表现

3.3.1 琉璃瓦

1.基础表现

（1）画出琉璃瓦的轮廓。

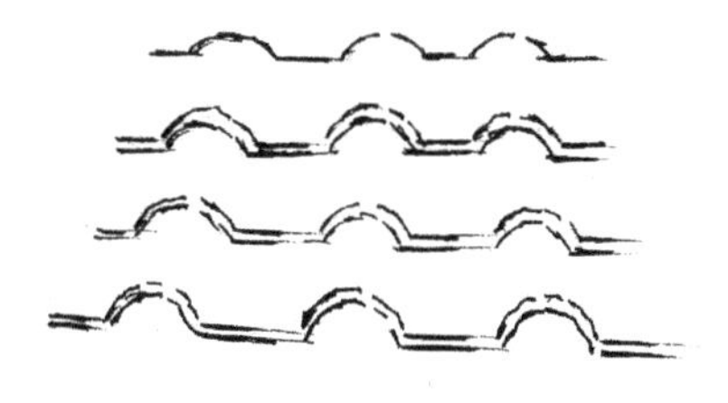

（2）画出纵向的线条。

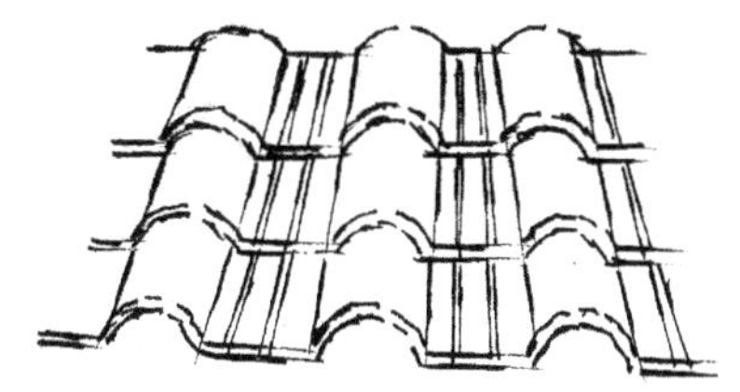

（3）深入刻画琉璃瓦的细节，加深阴影部分。

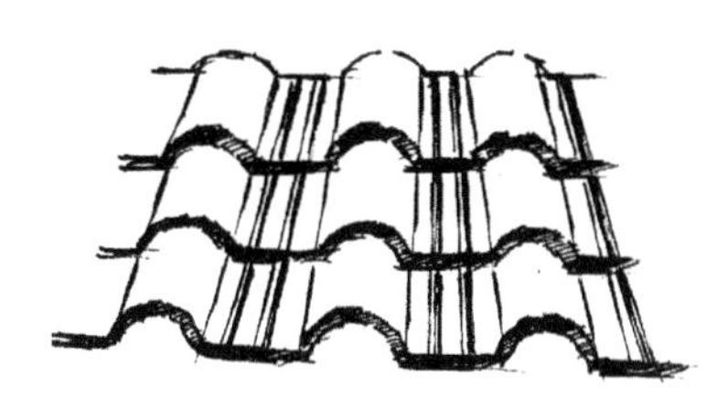

2.实际运用

（1）画出中式六角亭的轮廓及主要结构。

（2）画出亭子顶面琉璃瓦的纵向纹理线，然后画出周边环境配景。

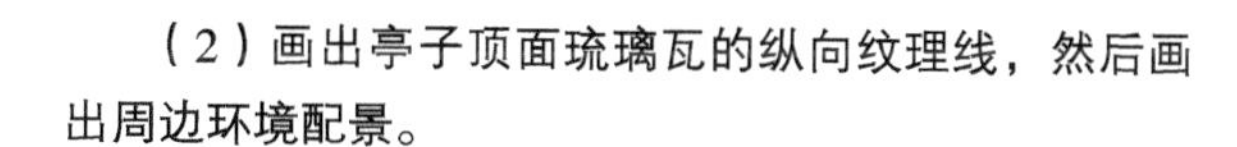

（3）深入刻画琉璃瓦片，注意靠近亭脊的部位应加重阴影，注意瓦片的疏密变化及留白。

（4）画出亭子立柱上的阴影及整体环境的暗部阴影，然后画出远景植物，调整画面，丰富画面效果。

3.3.2 茅草亭

（1）画出茅草亭的轮廓。

（2）画出亭顶茅草的质感及亭子下面的垂帘。

（3）用密集的线条加深亭子顶部的阴影面。

（4）画出配景植物，刻画亭子立柱的阴影关系，调整画面，丰富画面效果。

3.4 其他景观设施常见材质的表现

3.4.1 毛石挡土墙

挡土墙是指防止支撑路基的填土或山坡变形失稳的构造物。景观中常应用于微地形的设计，作为高差处理的一种方式，兼具功能性与观赏性。

1.基础表现

（1）画出大块的毛石材质。

（2）画出石块间隙中的碎小石块。

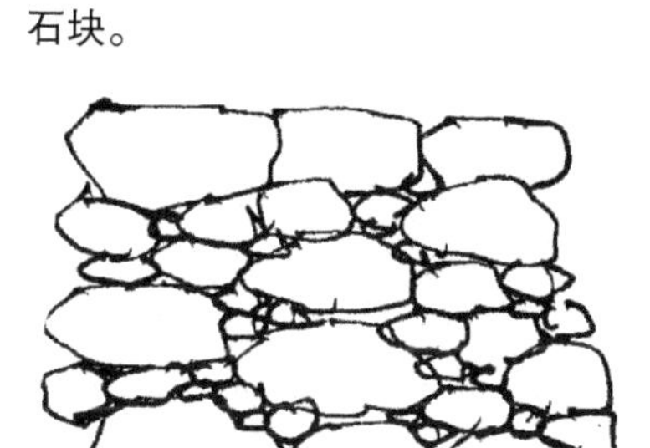

（3）加重石块缝隙的阴影，绘制阴影线并深入刻画石块的质感。

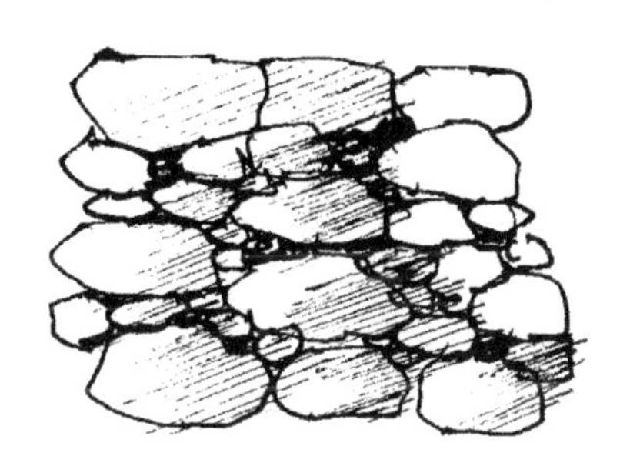

2.实际运用

（1）画出毛石挡土墙的轮廓及周边的植物配景。

（2）画出较大的毛石石块，注意大小的搭配。挡土墙顶面的石块一定要按水平方向画，区分平面与立面。

（3）画出较小的毛石石块。

（4）加重石块缝隙的阴影，绘制阴影线并深入刻画石块的质感，接着调整画面的光影关系，丰富画面效果。

3.4.2 碎石种植池

1.基础表现

（1）先画出较大的石块。

（2）在间隙中画出较小的石块。

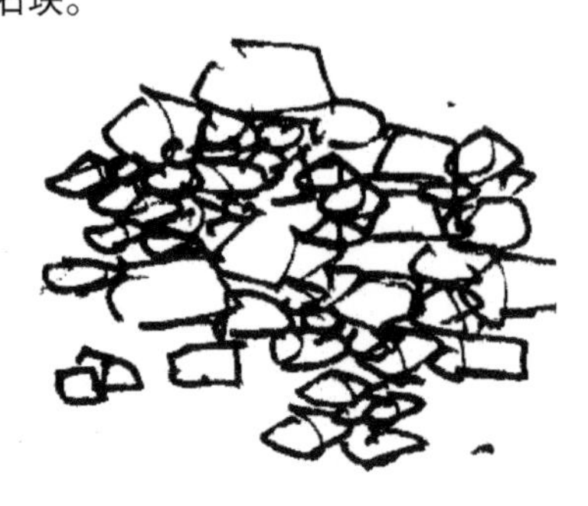

（3）加深缝隙的阴影，增强石块的质感。

2.实际运用

（1）画出种植池的轮廓及植物。

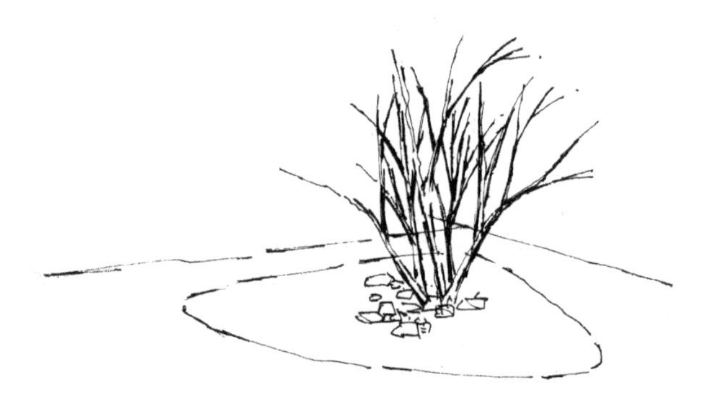

（2）画出种植池中覆盖的较大的石块。

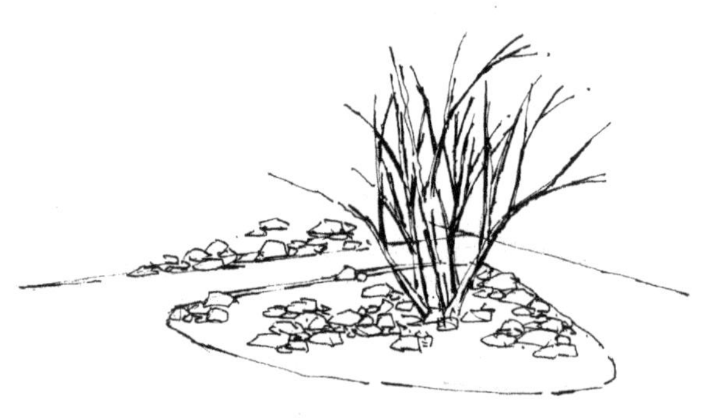

（3）在间隙中画出较小的石块，注意留白，不要把种植池画满。

（4）加深石块缝隙的阴影，绘制阴影线并深入刻画石块的质感，然后调整画面的光影关系，丰富画面效果。

3.4.3 鹅卵石铁艺地灯

1.基础表现

鹅卵石除广泛用于铺装外，还经常用作散置装饰。

（1）画出较大的鹅卵石。

（2）在缝隙中画出较小的鹅卵石。

（3）加深缝隙的阴影，增强鹅卵石的质感。

2.实际运用

（1）画出铁艺地灯的轮廓及周边散置的较大的鹅卵石。

（2）细化铁艺地灯的装饰细节，然后画出较小的鹅卵石，注意对散置的鹅卵石的留白处理。

（3）加深鹅卵石阴影的暗部。

（4）完善铁艺地灯的装饰细节，加强阴影暗部的质感，调整整体环境，丰富画面。

3.4.4 藤编布艺座椅

1.基础表现

藤编

（1）用抖线画出竖向纹理。

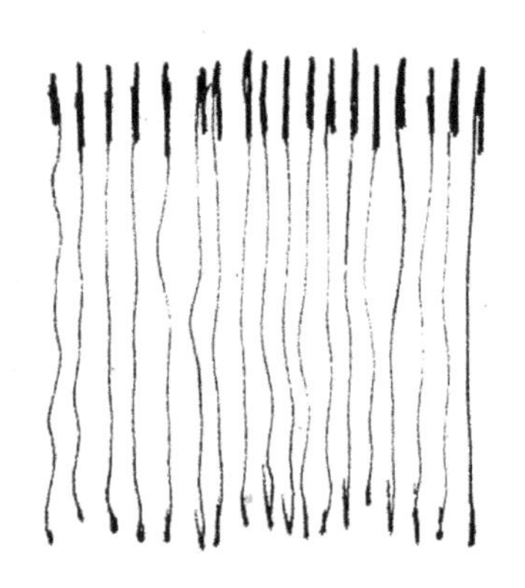

（2）用抖线画出横向纹理。

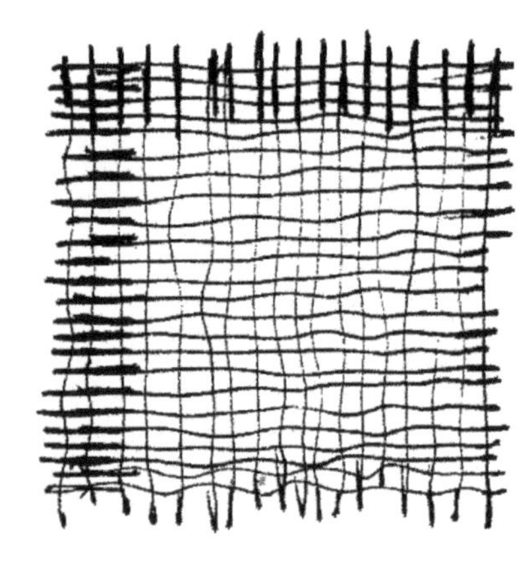

（3）加重局部线条，以体现明暗和质感。

布艺

（1）以常见的抱枕为例，画出抱枕的轮廓。

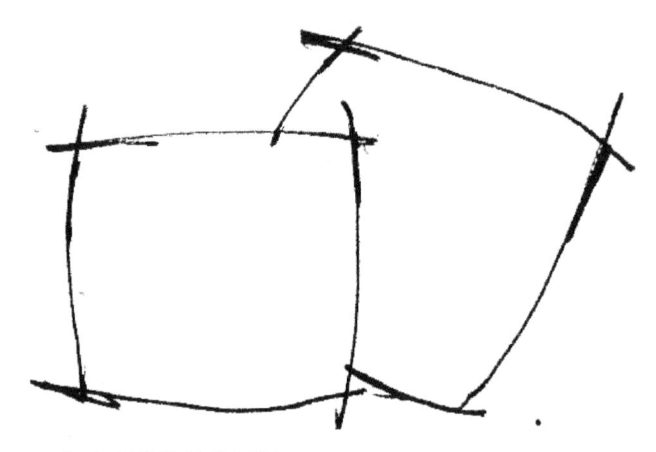

（2）画出抱枕的厚度。

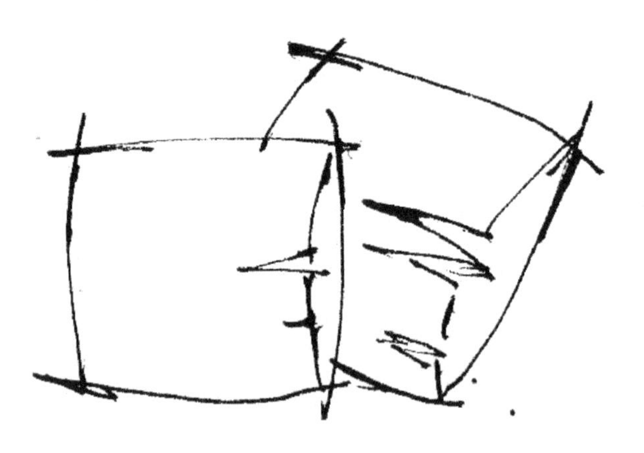

（3）画出抱枕的纹理及暗部的阴影。

2.实际运用

（1）画出藤编景观椅的轮廓。

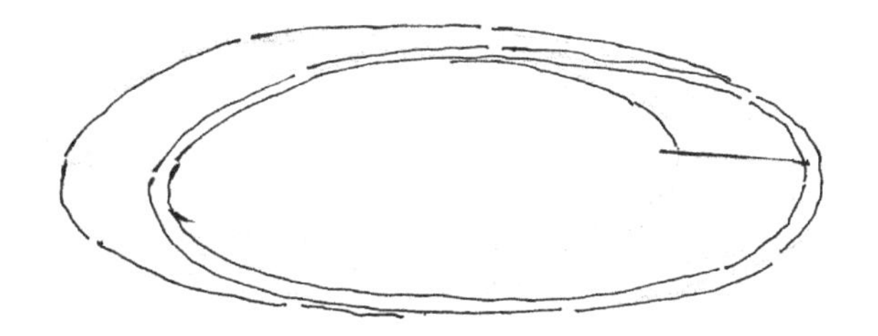

（2）画出椅子内部的坐垫及抱枕。

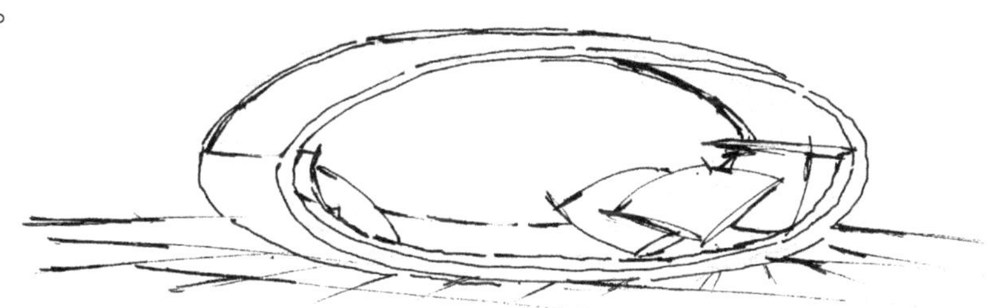

（3）画出藤编的质感和抱枕的花纹。

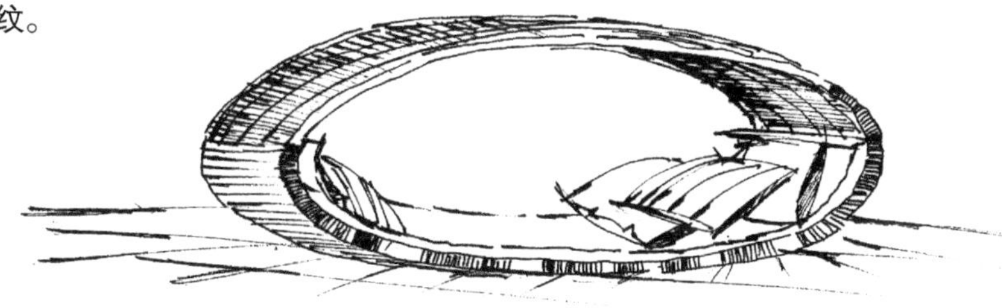

（4）画出抱枕的阴影以及椅子的地面投影，然后画出周边的植物配景，接着调整整体环境，丰富画面效果。

3.4.5 镜面材质景观小品

（1）画出景观雕塑小品的透视轮廓。

（2）由于镜面材质会直接反射周边的环境，所以要先画出丰富的周边植物配景及地面铺装。

（3）画出雕塑小品表面反射的周边植物，加深暗部的阴影。

（4）画出地面的投影，调整整体环境，丰富画面效果。

第 4 章

景观单体的表现

4.1 景观种植池的形式及画法

在园林景观设计中，植物虽为配景，却在营造空间上起着关键作用，比如在常见的绿地及广场空间设计中，需要有各式各样的种植池与植物搭配，以形成丰富的景观空间。

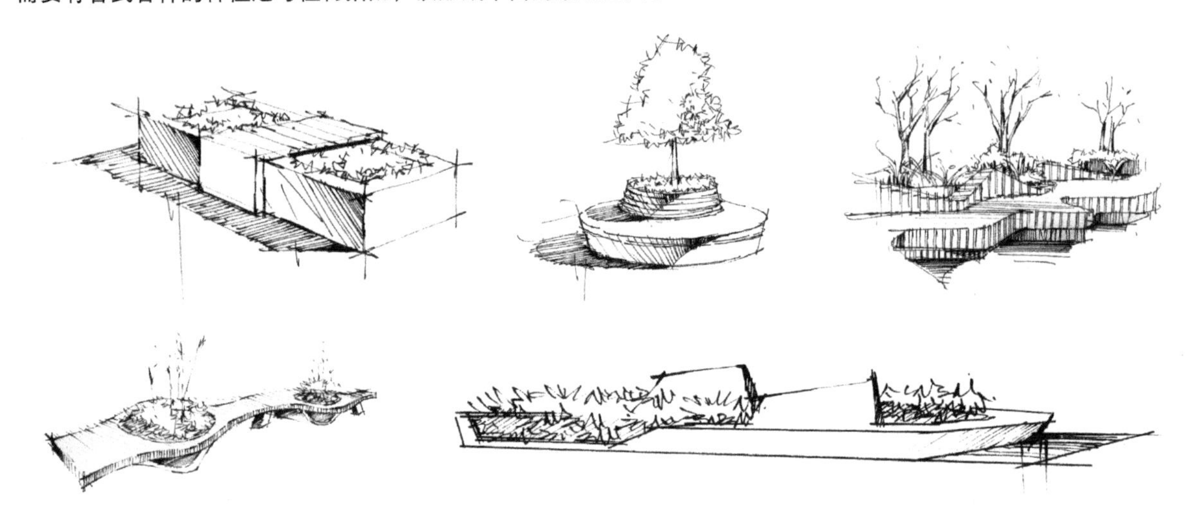

4.1.1 弧形种植池

（1）绘制弧形种植池的外轮廓，注意在种植池边缘预留出供人休息的座椅空间。

（2）绘制灌木，注意光影关系，表现出明暗效果。

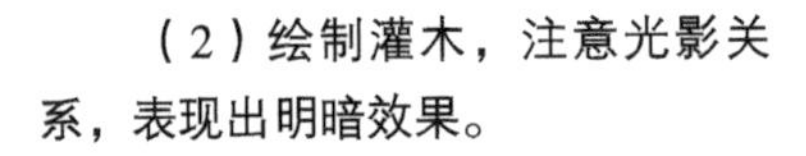

（3）画出种植池的材质，以及暗部的投影，使单体更有体积感。注意添加明暗交界线处的暗部调子。

4.1.2 木质种植池座椅

（1）画出种植池的立方体结构，然后画出座椅部分。

（2）根据透视关系画出木质纹理，然后在种植池内添加植物，注意区分出明暗面。

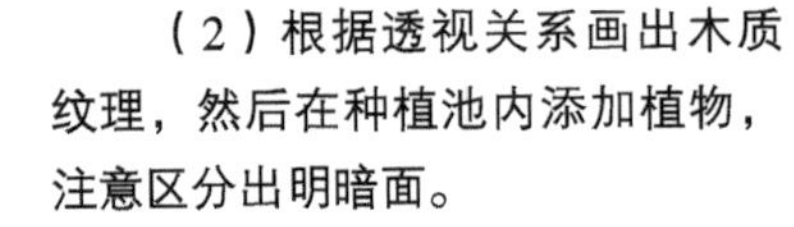

（3）加深植物阴影，然后画出种植池在地面上的投影。

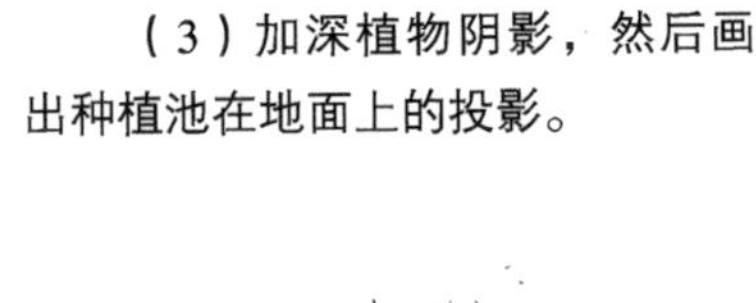

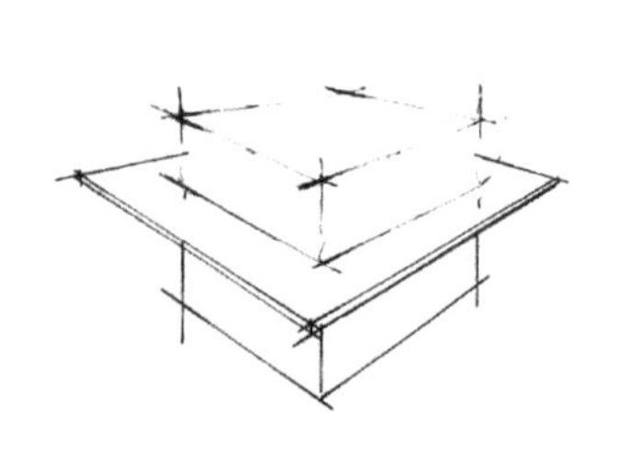

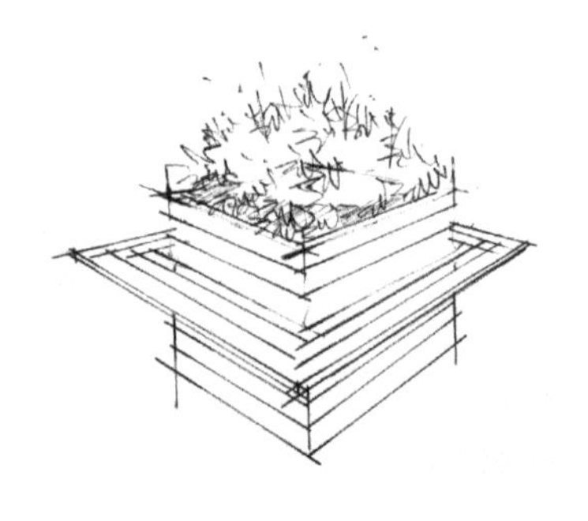

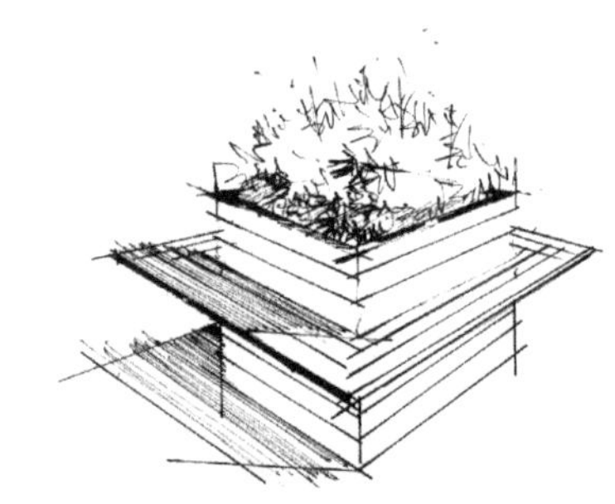

4.2 景观雕塑的形式及画法

景观雕塑在景观空间中往往扮演着视觉中心的角色，作为地标或展示，其形式和体积感尤为重要，起到体现空间主题的作用。

4.2.1 现代抽象雕塑

（1）画出雕塑的外形轮廓。

（2）画出转折暗面，使单体更有层次。

（3）绘制地面投影，增加画面体积感。

4.2.2 拴马桩雕塑

拴马桩是新中式景观设计中经常会用到的元素，可以作为主题性雕塑小品使用，体现浓厚的中国风。

（1）画出拴马桩的整体轮廓，注意上半部分的鼓状结构和下面底座部分的衔接关系。

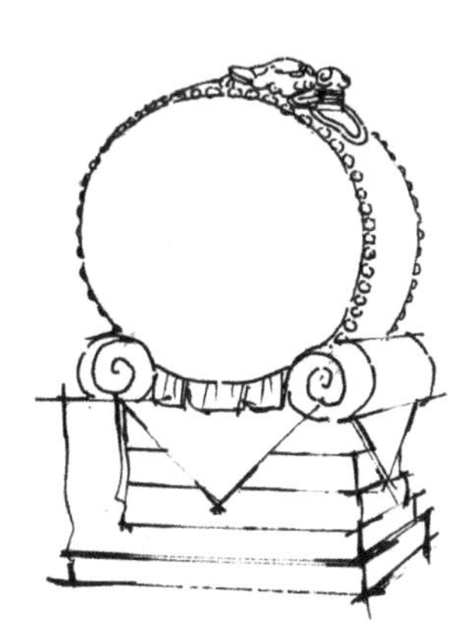

（2）深入刻画细节，画出表面的雕刻纹理。

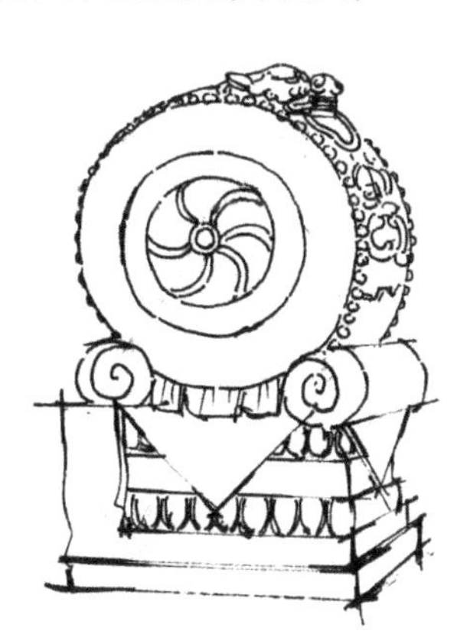

（3）判断光源方向，画出拴马桩的暗部阴影，强调一下明暗交界线。

（4）画出地面投影。

4.3 景观构筑物的形式及画法

景观构筑物作为与人互动最为密切的结构单体，形式多样，可以是亭廊花架，也可以是观景瞭望台、观景塔等，体量偏大，是空间的核心。

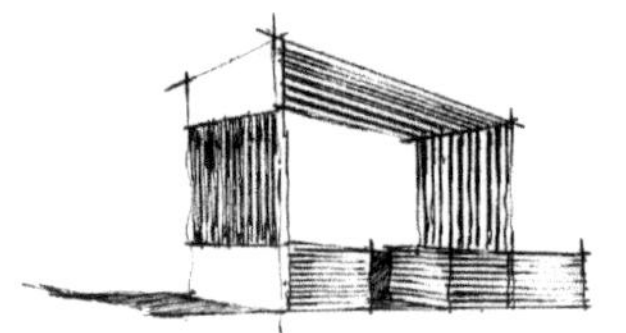

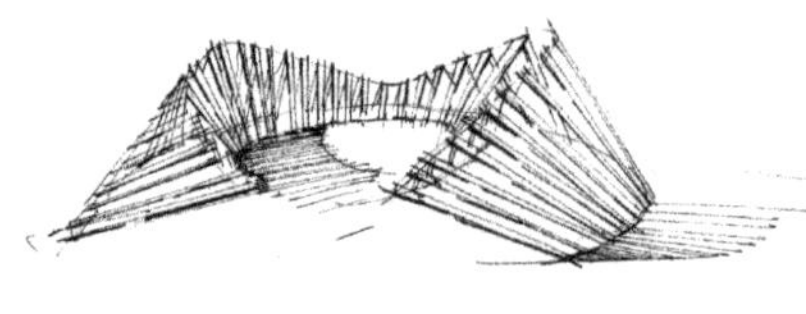

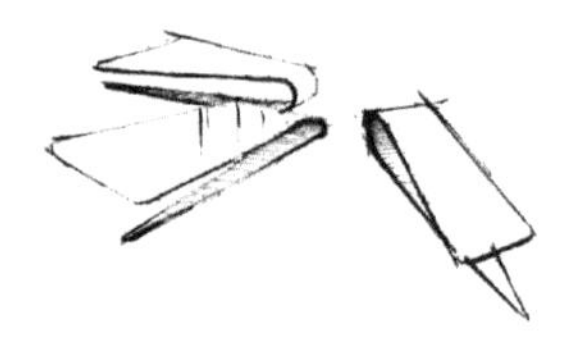

4.3.1 圆形片状主题观景台

（1）画出片状结构，注意画的时候要扁着画。

（2）画出立柱，不规则的构筑物实际上没有明显的透视，把形式和空间感表达出来即可。

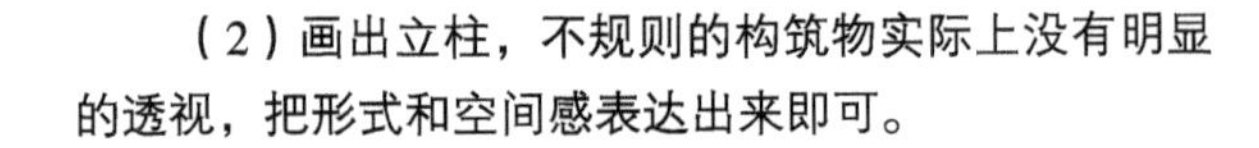

（3）细化立柱结构，然后添加人物来丰富空间氛围，接着绘制暗部投影，增加画面的体积感。

4.3.2 中式景亭

（1）根据透视关系，画出中式景亭的基本结构。灭点定在靠下的位置，将重心压低。

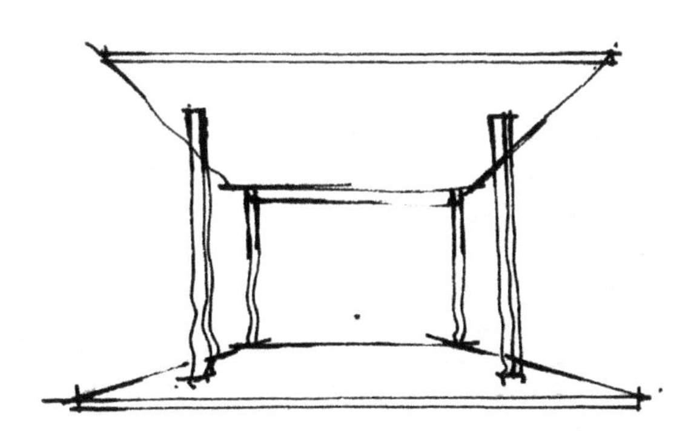

（2）细化景亭结构。

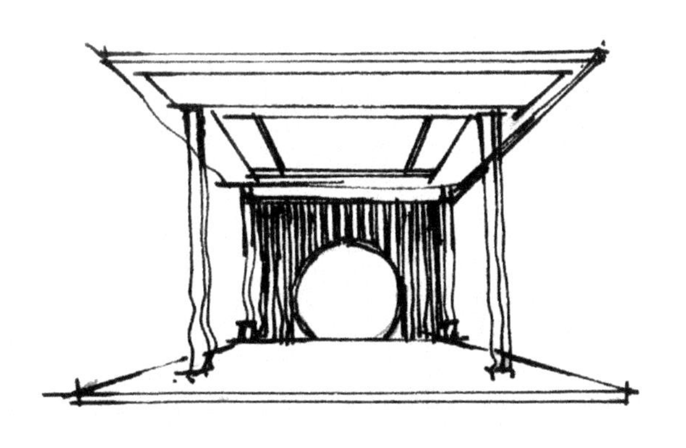

（3）画出亭子顶部格栅结构。

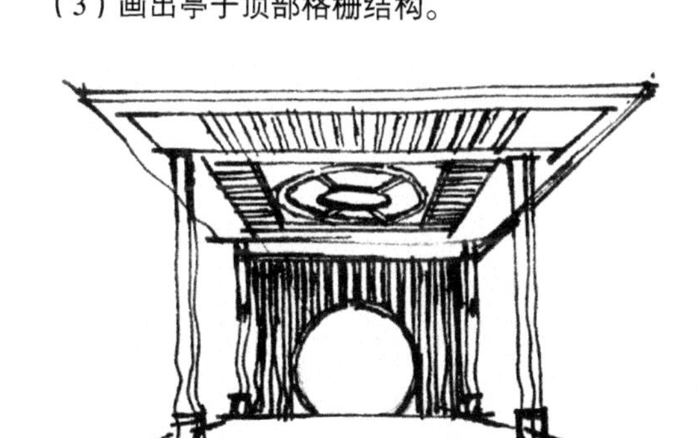

（4）加强明暗关系，表现出材质质感。

4.3.3 简约风公交站台

（1）用曲线绘制出站台的外轮廓。

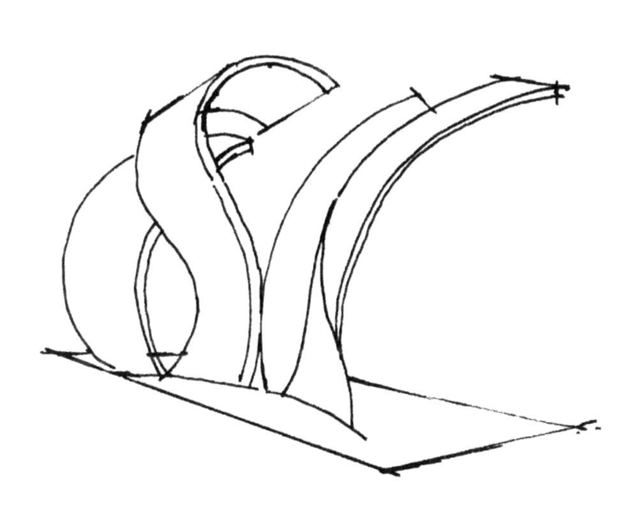

（2）画出结构厚度暗部。

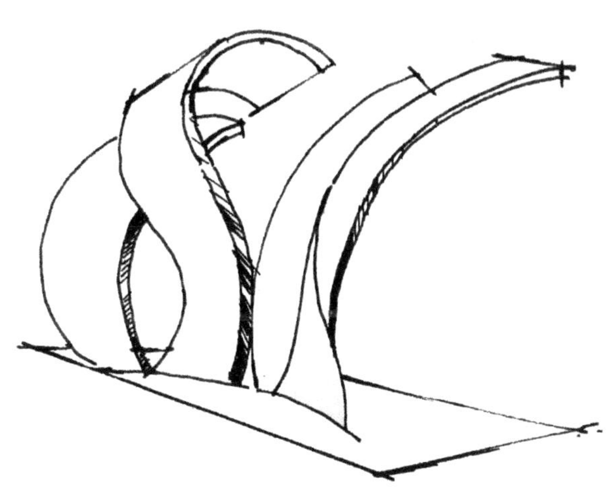

（3）深化结构明暗关系，用斜线画出暗部阴影调子。

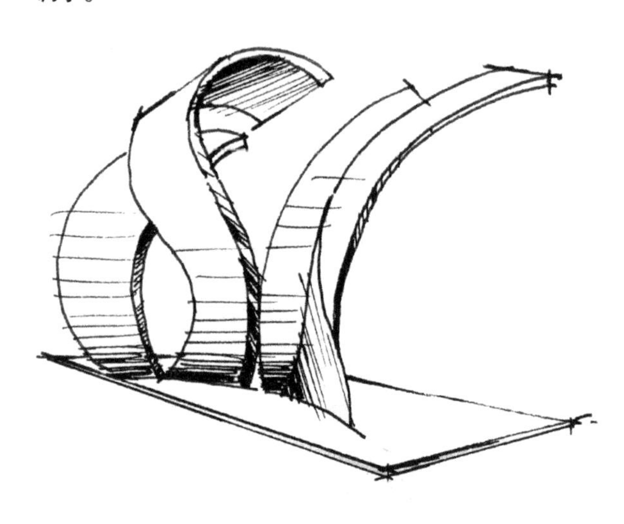

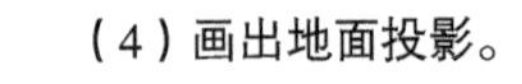
（4）画出地面投影。

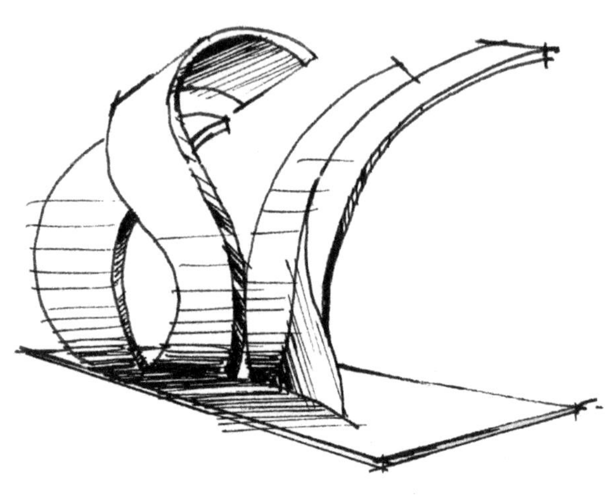

4.3.4 特色景亭座椅组合

（1）绘制出结构轮廓线。整体结构呈不规则形态，没有明确的透视关系，绘制座椅时，需要把座面压平一些。

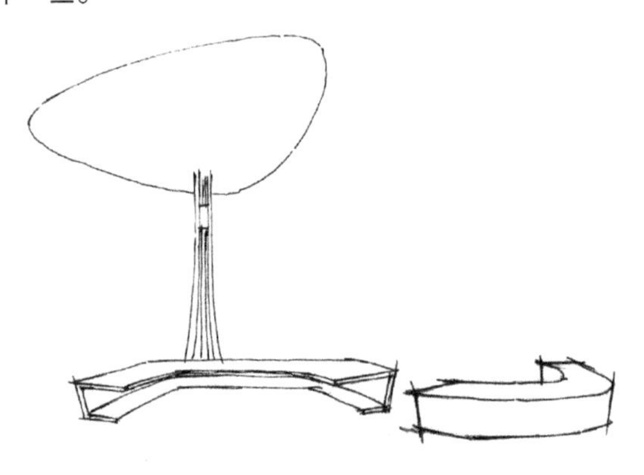

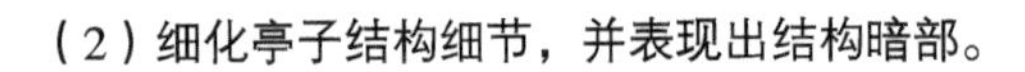
（2）细化亭子结构细节，并表现出结构暗部。

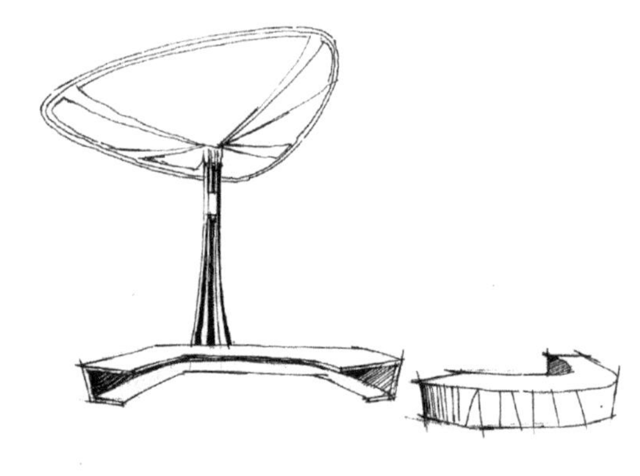

（3）细化亭子顶部的结构，用斜线画出暗部，体现结构层次。

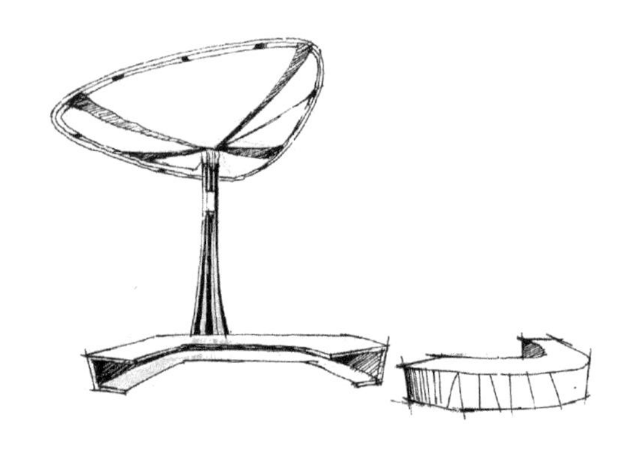

（4）画出亭子和座椅的地面投影，注意线条疏密的渐变关系。

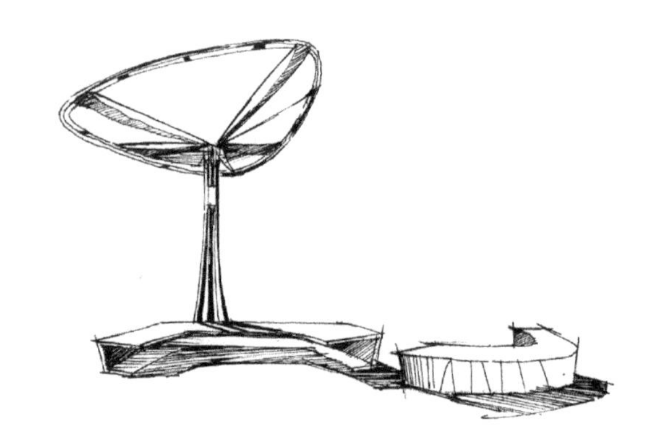

4.3.5 水中景亭

（1）画出水中汀步和亭子的底部结构，注意圆形结构的透视，应该在水平方向扁着绘制。

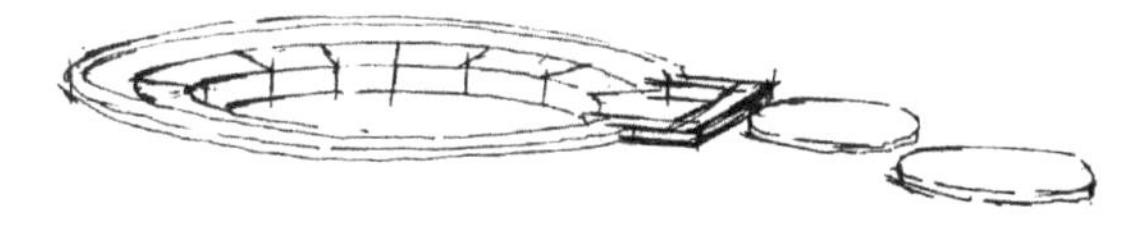

（2）画出特色亭子交叉编织形态的藤编效果。

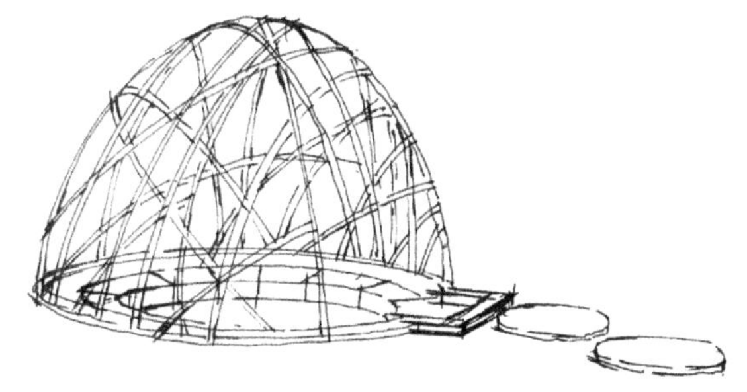

（3）画出藤编结构的厚度。

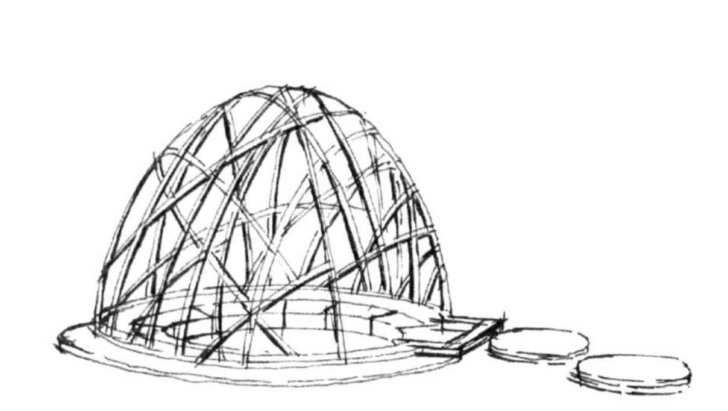

（4）画出水中倒影和波纹。

4.4 景墙的形式及画法

景墙作为中国古典园林中常见的小品形式，材质丰富，形态多样，在景观中常用于障景、漏景或作为背景，在现代景观设计中，体现形式更是丰富多样。

4.4.1 中式景墙

（1）中式景墙常用置石或碎石作配景，先画出景墙外轮廓和置石的布局。

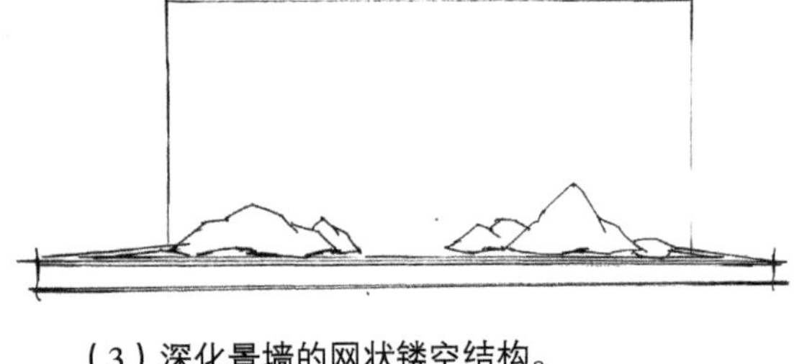
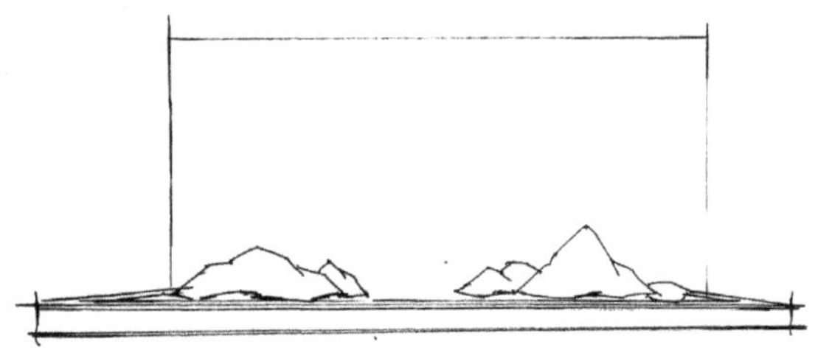

（2）对景墙进行细化，注意收边等结构，然后添加植物配景。

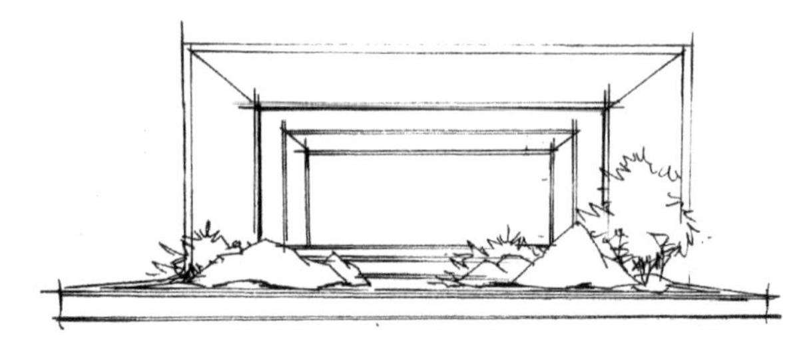

（3）深化景墙的网状镂空结构。

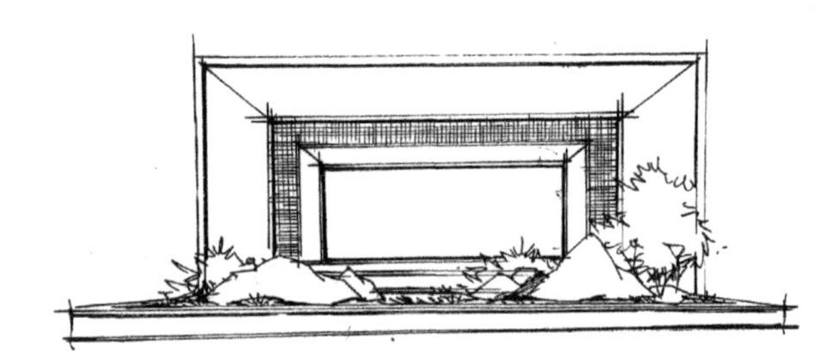

（4）在景墙表面绘制出题字部分，体现浓厚的中式风格。

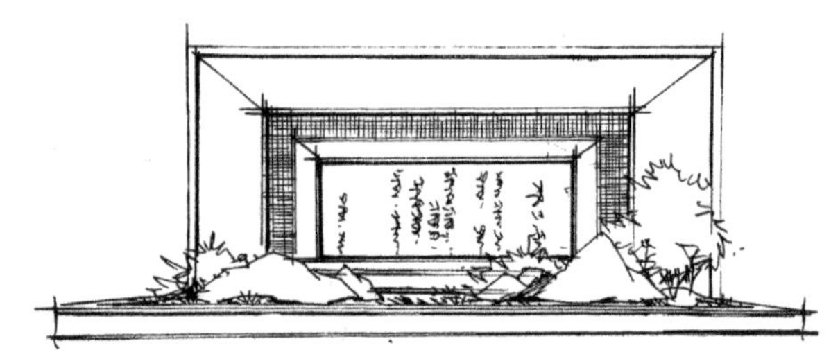

4.4.2 现代简约景墙

（1）画出景墙外轮廓。

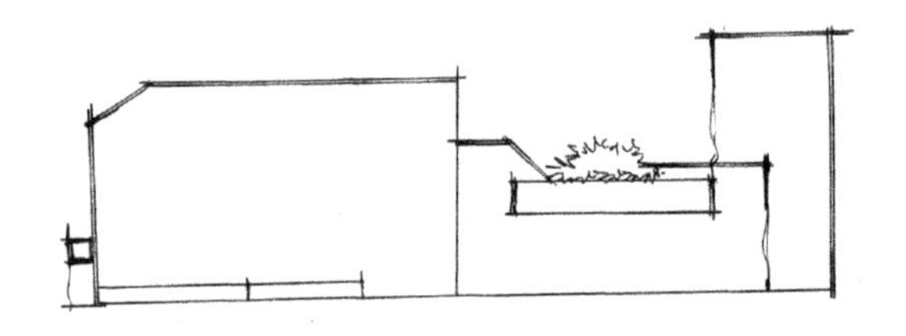

（2）画出景墙表面材质和雕刻部分。

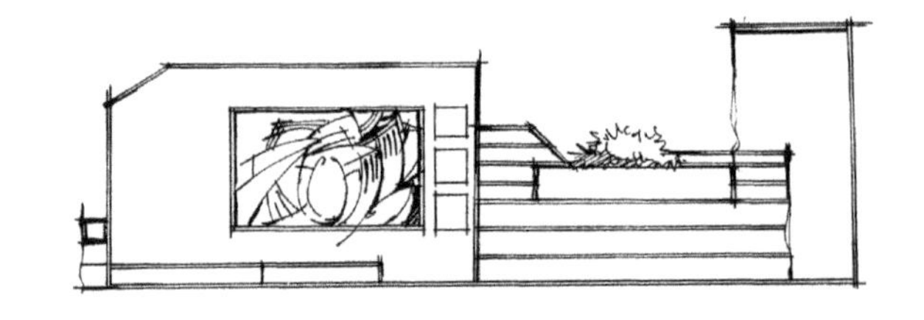

（3）细化材质质感，画出暗部，增强雕刻部分的立体效果。

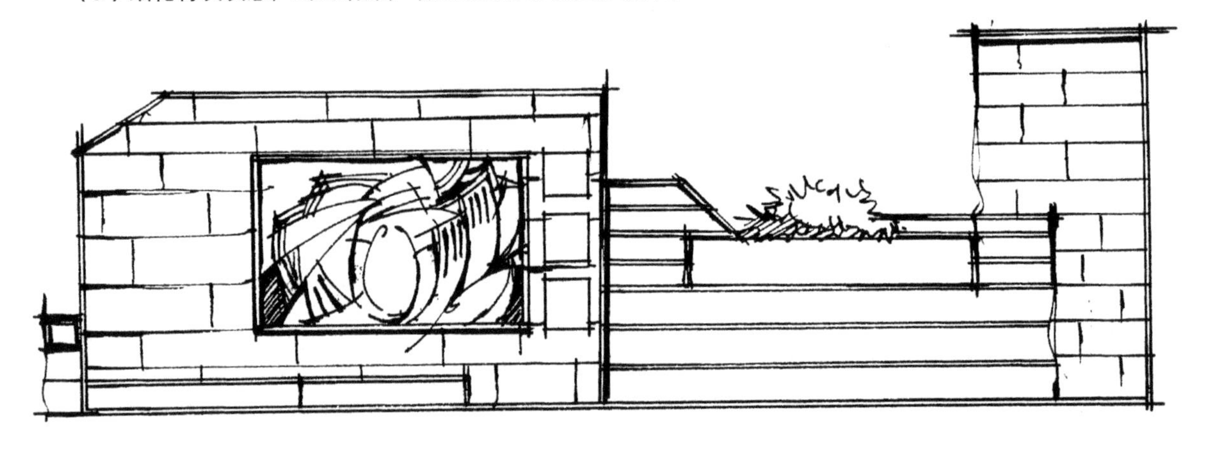

4.5 儿童空间单体的形式及画法

居住区景观、儿童公园、综合公园，甚至商业景观越来越关注儿童活动场地的设计。户外攀爬等娱乐设施会给儿童带来不一样的冒险体验，也会提升整个空间的活力。

4.5.1 儿童攀爬景墙

（1）根据两点透视的原理，画出景墙和楼梯的基本结构。

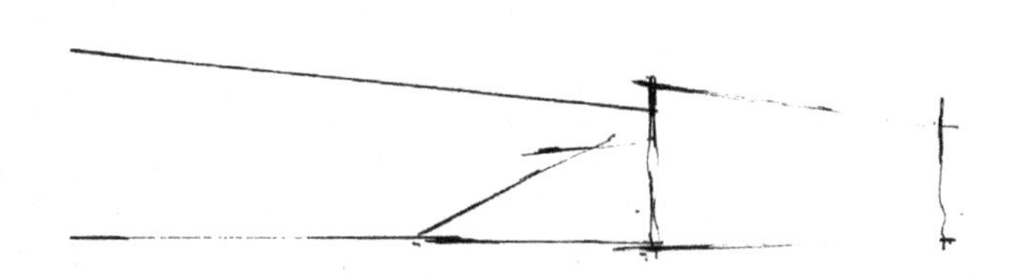

（2）画出景墙圆形镂空结构，绘制立面的圆形结构透视时需要在垂直方向扁着画，然后画出楼梯的踏步。

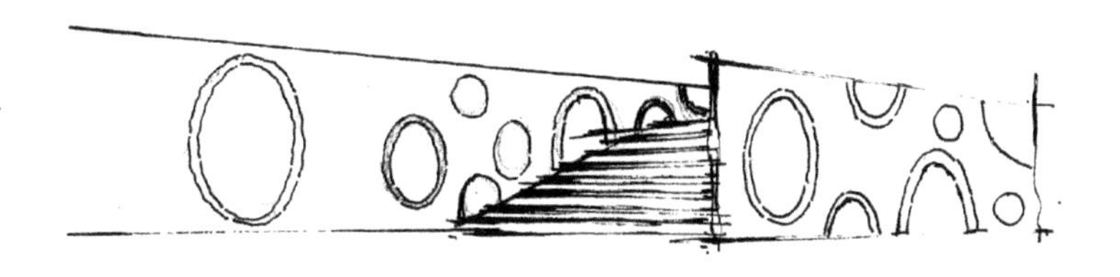

（3）画出镂空结构景墙的厚度，然后绘制出投影，接着画出背景植物。

4.5.2 现代简约景墙

（1）画出不规则的滑梯基座，主要是五边形、六边形结构，然后画出滑梯上端的扶手部分。

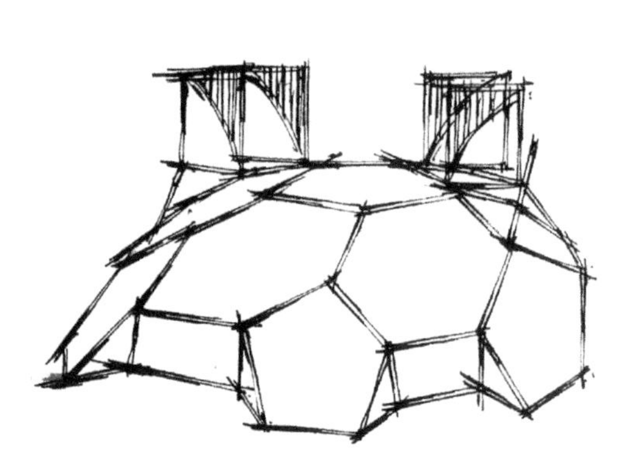

（2）画出攀缘设施的不规则立柱等结构。

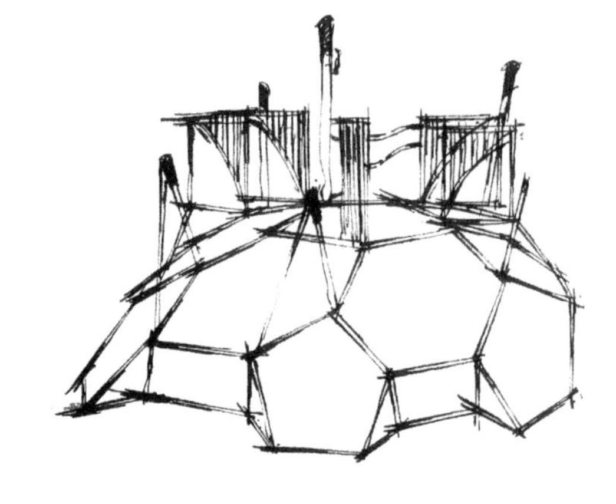

（3）画出两边的滑梯造型，并绘制出滑梯的支架。

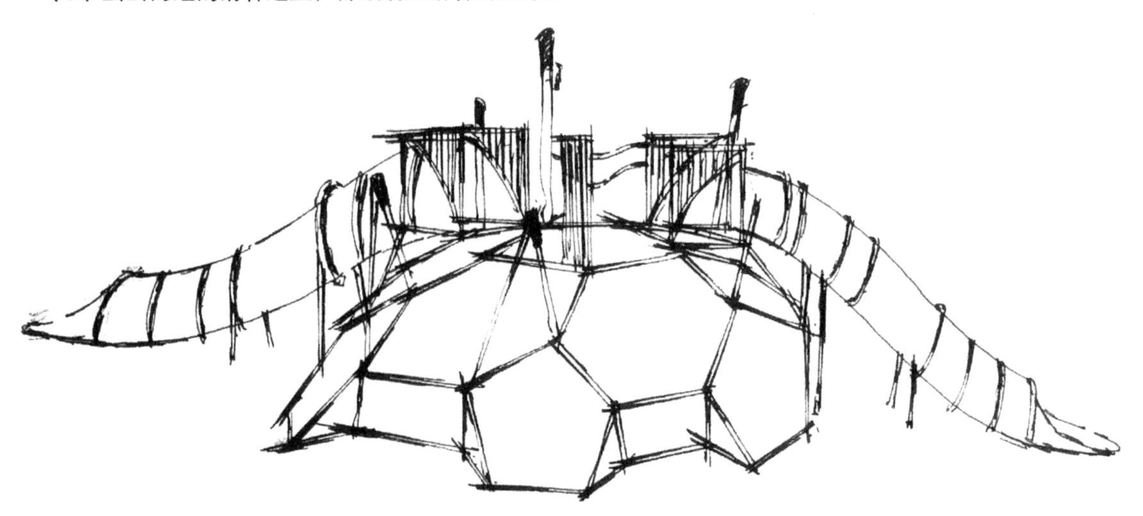

（4）画出攀缘表面的扶手及地面投影，增强画面的立体感。

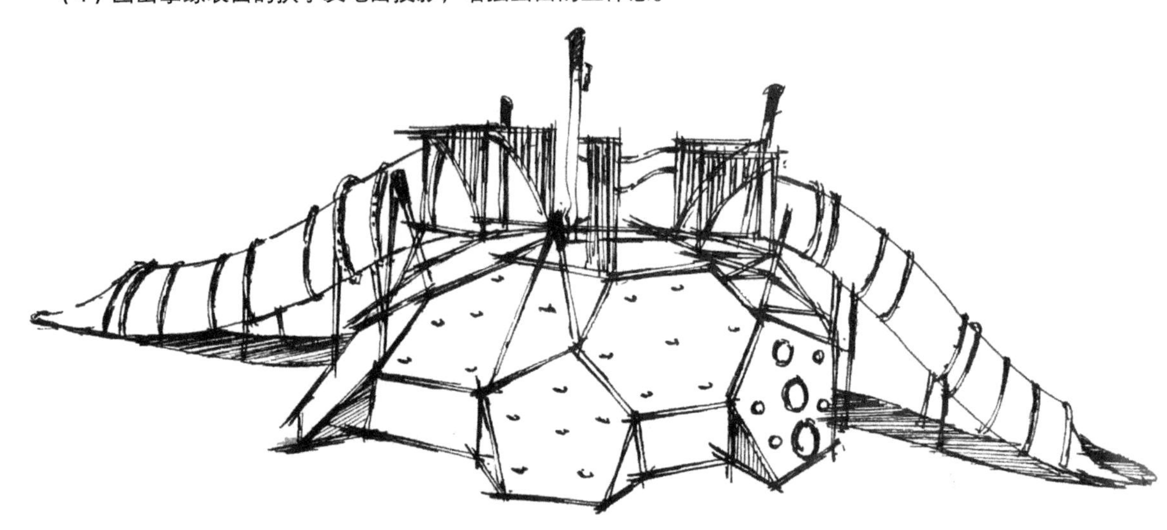

第 5 章

景观配景和小品的表现

5.1 石头配景的画法

5.1.1 太湖石的表现

1.认识太湖石

太湖石，又叫窟窿石、假山石，盛产于太湖地区，因其形状奇特、姿态万千而古今闻名，有很高的观赏价值。太湖石分为水石和干石两种。水石是在河湖中经水波撞击，长年侵蚀形成的；干石则是地质时期的石灰石在酸性红壤的长年侵蚀下形成的。

太湖石最能体现“皱、漏、瘦、透”之美，多被布置在公园、草坪、校园、庭院、旅游景点等位置。现在人们通常把各地产的由岩溶作用形成的千姿百态的碳酸盐岩统称为太湖石。

2.太湖石的绘制

（1）从上部开始，逐渐往下画。也可以根据个人习惯从下部开始往上画。

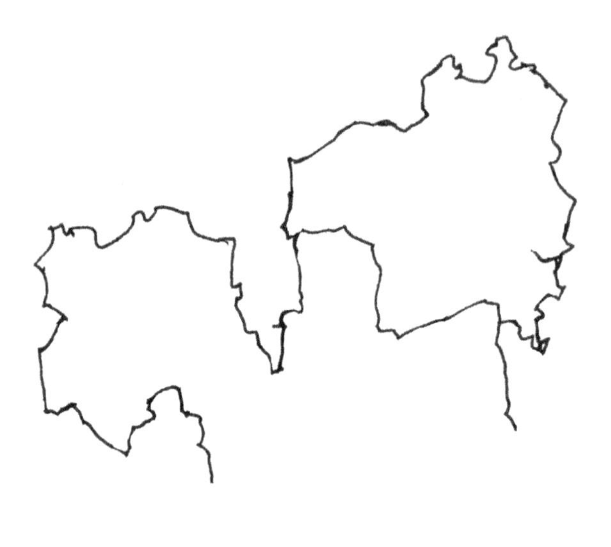

（2）画出大体的轮廓。注意线条力度的轻重变化。

（3）完善太湖石的轮廓。太湖石主要的特点就是形态各异，千变万化，形体以流线为主，所以在画的时候用笔要放松，不要太僵硬。

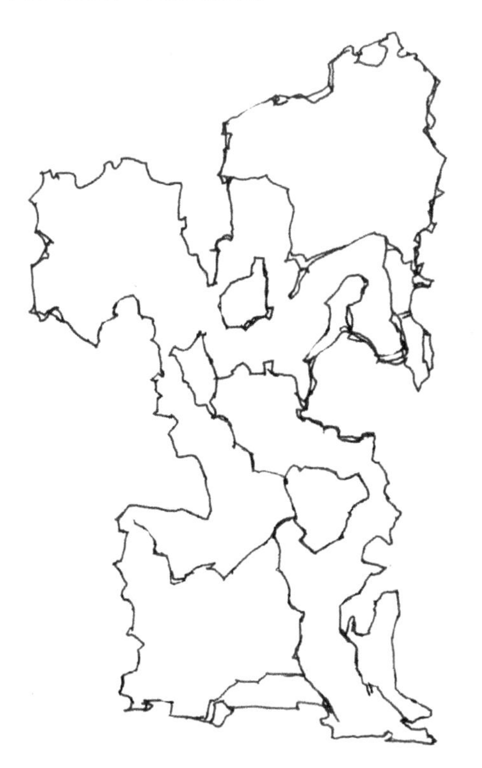

（4）刻画石头的透、漏感，丰富画面内容。

（5）画出石头的暗部，注意排线方向的变化，侧重表现透、漏的部位。

（6）画出地面的植物，侧重加强底部的阴影强度，使整个画面不会显得头重脚轻，然后调整细节，绘制完成。

3.太湖石赏析

5.1.2 千层石的表现

1.认识千层石

千层石，又叫积层岩，石质坚硬致密，外表有很薄的风化层，比较软；石上纹理清晰，多呈凹凸、平直状，具有一定的韵律，线条流畅，时有波折、起伏；造型奇特，变化多端，多有山形、台洞形等自然景观，亦有宝塔形、立柱形及人物、动物等形象，既有具象又有抽象，神韵秀丽静美、淡雅端庄。

千层石可用于点缀园林、庭院，或作厅堂供石，也可制作盆景，具有较高的观赏价值。

2.千层石的绘制

（1）先将石头分出几个小的体块，然后从上往下画出大致的轮廓关系。

（2）从上往下逐一画出石头的形态，注意预留出叠水的空间。

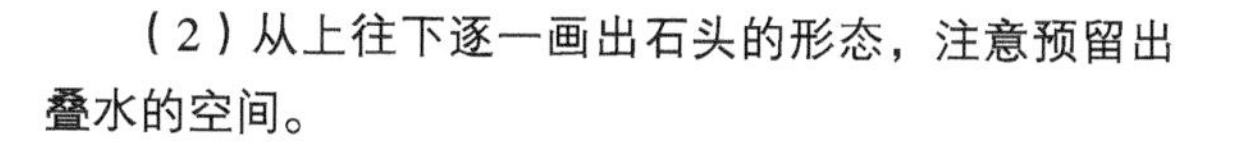

（3）画出剩余的石头轮廓，然后画出叠水，注意用线时要放松。

（4）在石头间隙处画些草丛配景，大致刻画出石头上的阴影，拉开明暗关系。

（5）刻画细节。尤其是千层石的石头叠加处，阴影关系要加强，这样才能进一步塑造石头的体积感，并画出水面。

（6）加重水与石头衔接的位置，拉开水面与石头的空间关系，然后再添加画面细节，绘制完成。

5.1.3 泰山石的表现

1.认识泰山石

泰山石主要产于泰山山脉周边的溪流山谷，质地坚硬，给人基调沉稳、凝重、浑厚之感，其表面常有渗透、半渗透的纹理画面，其因美丽多变的纹理及年代久远的风化外形而著名。

2.泰山石的绘制

（1）用短线条起稿，找准主体在画面中的位置，用笔放松。

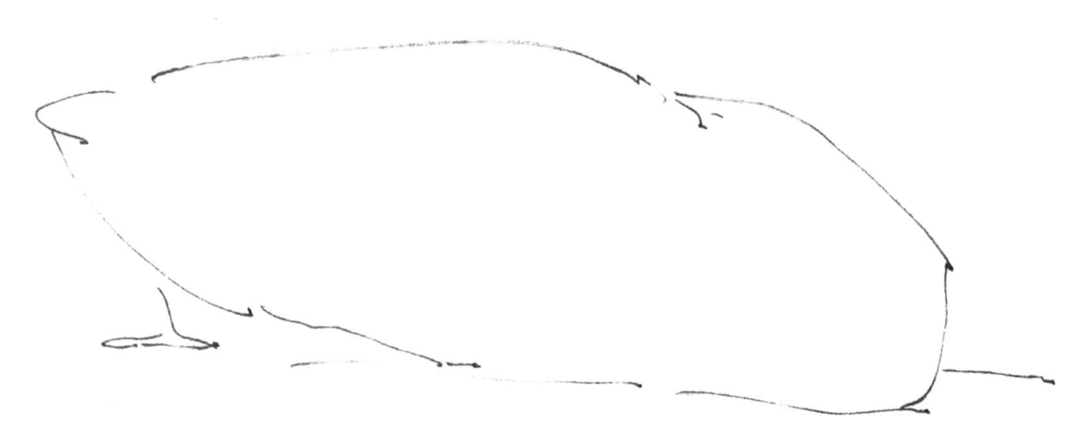

（2）画出整体石头的轮廓，适当加些转折。注意线条之间的转折相对刚硬。

（3）画出主体石头底部的碎石块，可以从最前面的小石块画起，往左右两侧画。

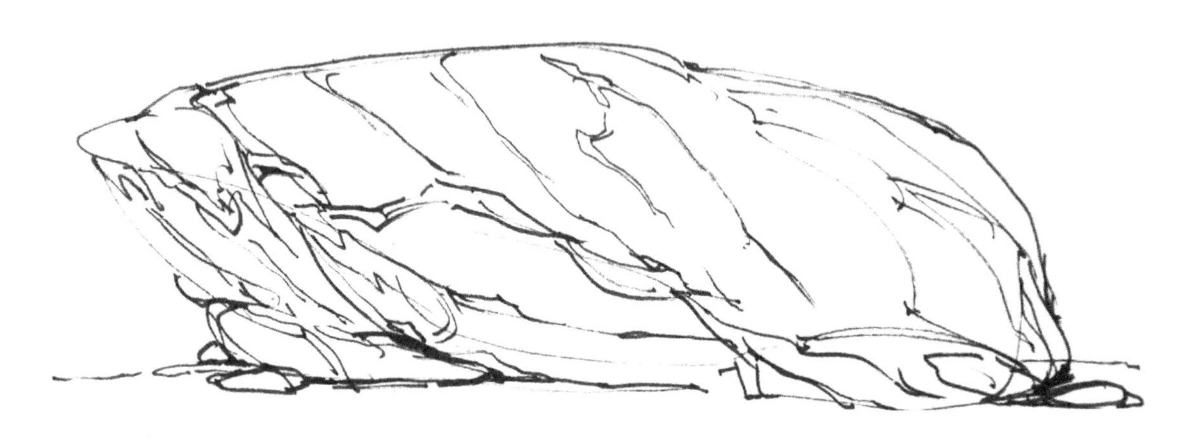

（4）画完碎石块，完善主体石头的细节并添加地面草丛，然后画出石头的阴影关系。

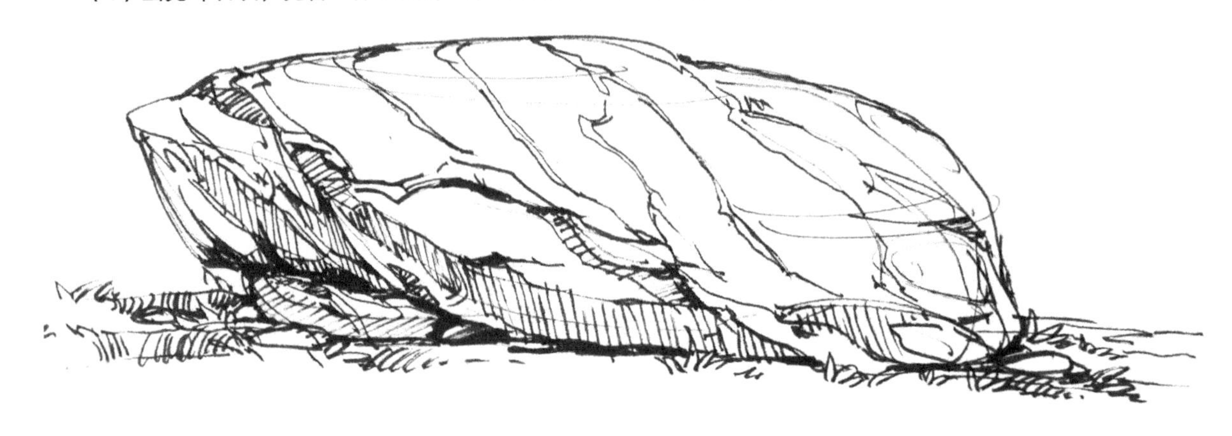

（5）找出一些细节上的转折变化，在石头后方的左右两侧增添些小草丛，丰富画面的层次。

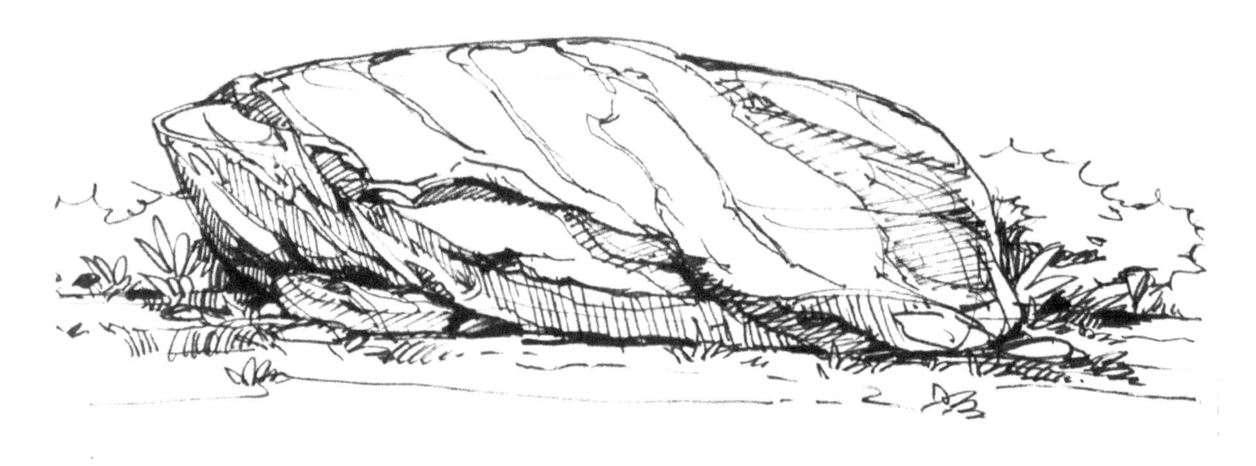

5.1.4 置石的表现

1.特置

特置又叫孤置，是用整块体量巨大、造型奇特或者质地、色彩特殊的石材做成独立景观的一种造景手法。常放在入口处作为障景和对景，或者放在漏窗或地穴处作为对景。也可置于廊间、亭下、水边，作为局部空间的构景中心。该手法要求石材本身具有一定的观赏价值，有独特的纹理或者奇特的外形。如北京颐和园的青芝岫，故宫御花园内的钟乳石、珊瑚石、木化石等。

2.对置

在建筑物前两旁或者景观节点处，以两块或者两组山石相对放置，呈对称或者对立、对应状态，以陪衬环境，丰富景色。如北京可园中对置的房山石。

3.散置

散置又叫散点，即在布置石景时以若干块山石“攒三聚五”“散漫理之”的做法。常用于布置内庭或散点于山上作为护坡。

5.2 水体配景的画法

水景是特别常见的景观之一，多以喷泉、镜面水、水池、叠水、跌水等形式出现。水景的处理对烘托建筑起着非常重要的作用。处理好了，画面生动活泼；处理过了，画面则杂乱。

5.2.1 静态水景的表现

1.认识静态水景

静态水景多出现于小面积较浅的水池。对静态水面和镜面水面的处理基本是一样的，关键在于对反光的处理。

2.静态水景的绘制

（1）画出建筑的大致轮廓。

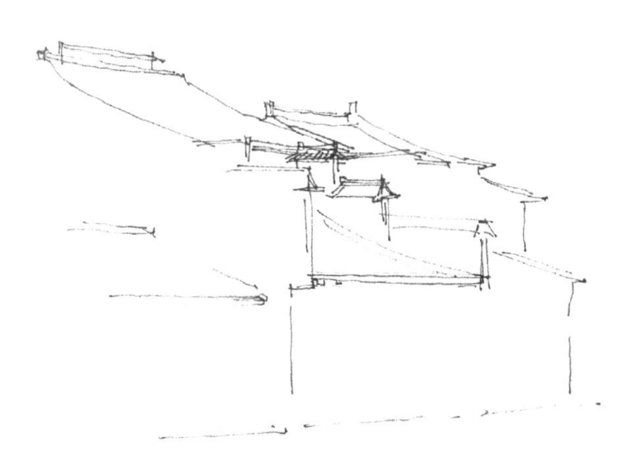

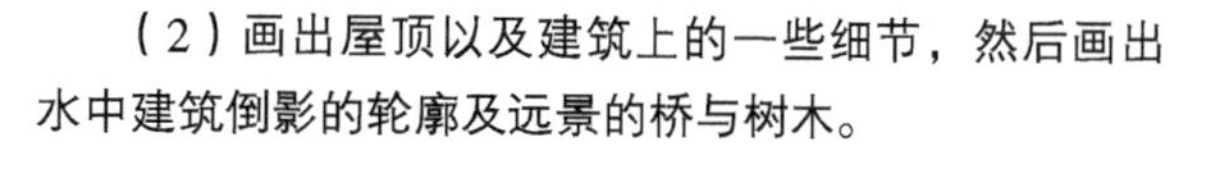

（2）画出屋顶以及建筑上的一些细节，然后画出水中建筑倒影的轮廓及远景的桥与树木。

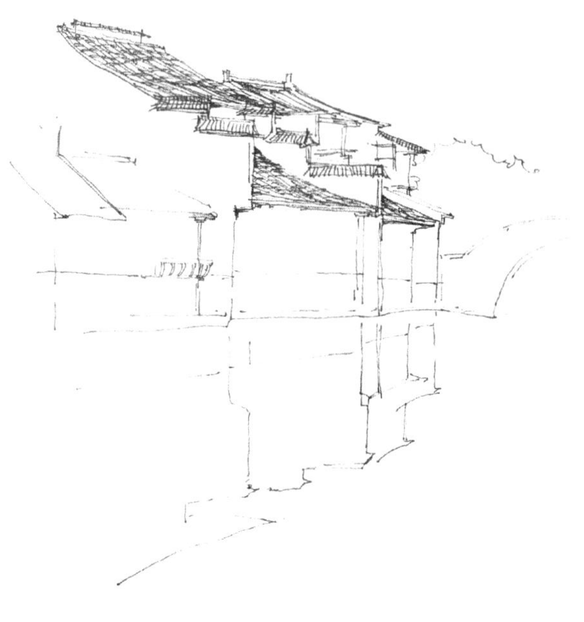

（3）刻画建筑细节和大致的明暗关系，水中倒映的建筑也要有所体现，但要注意一点，就是水中倒影是反着的。

（4）刻画建筑与水中倒影的细节及阴影，一般水面颜色的明暗深浅是由远近决定的，越靠近建筑的水面颜色越深。将近处水面通过排线分出层次，具体画法可参照前面章节。

3.静态水景赏析

5.2.2 动态水景的表现

1.认识动态水景

动态水景的处理多出现在大面积的水景中。相对于静态水，动态水景的水面不是那么平整，所以反射出来的景象相对于静态水也就不是那么完整，这也是对动态水景处理的关键。

2.动态水景的绘制

（1）画出跌水空间与驳岸的石头，注意用线要放松自然，尽量一笔到位。

（2）绘制驳岸周边的石头。要注意预留出水池的空间并画出跌水的流动感。

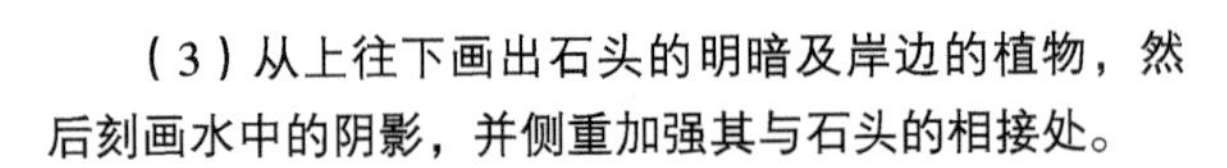

（3）从上往下画出石头的明暗及岸边的植物，然后刻画水中的阴影，并侧重加强其与石头的相接处。

（4）画出底部石头的明暗关系，及前景水池中的波纹。

（5）进一步丰富画面。刻画前景水中的阴影强度，尤其是岸边两侧的倒影，通过排线的方式绘制。拉开画面的前后空间关系，完善整个画面。

3.动态水景赏析

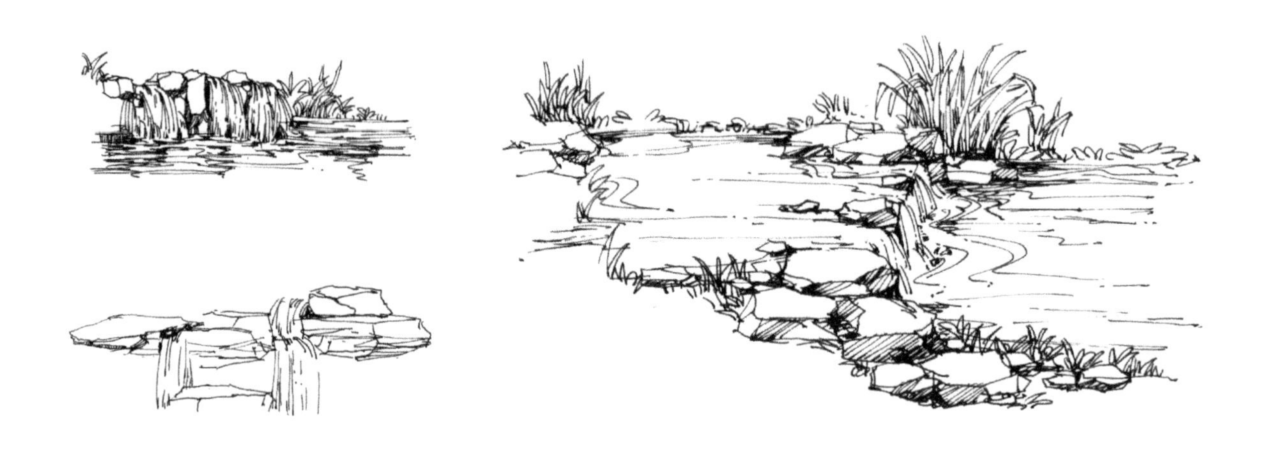

5.2.3 喷泉的表现

1.认识喷泉

喷泉作为景观多出现在建筑前方，起观赏作用。喷泉景观概括来说可以分为两大类。一类是因地制宜，根据实际的地形，模仿天然水景制作而成的，如壁泉、涌泉、雾泉、管流、溪流、瀑布、水帘、跌水、水涛和漩涡等。另一类则完全依靠喷泉设备人工造景，这类水景在建筑领域应用广泛，发展速度很快，种类繁多，有音乐喷泉、程控喷泉、摆动喷泉、跑动喷泉、光亮喷泉、游乐趣味喷泉、超高喷泉等。

2.喷泉的绘制

（1）画出一束喷泉。

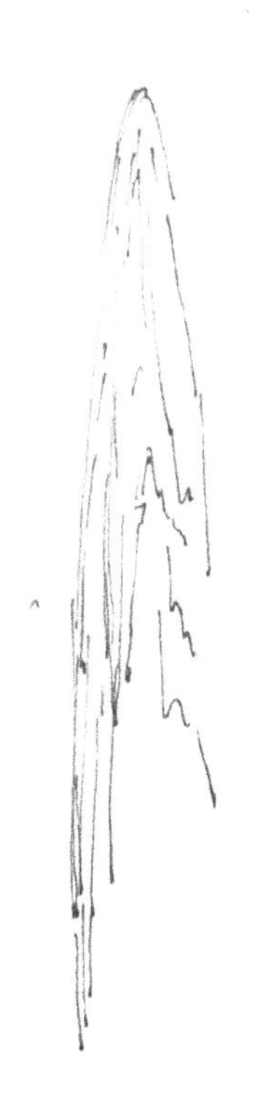

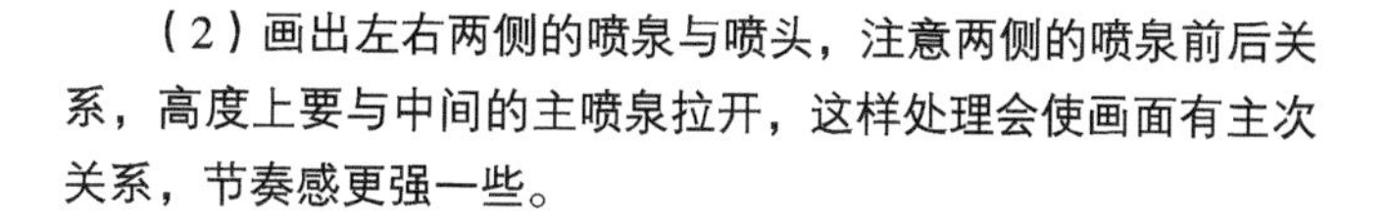

（2）画出左右两侧的喷泉与喷头，注意两侧的喷泉前后关系，高度上要与中间的主喷泉拉开，这样处理会使画面有主次关系，节奏感更强一些。

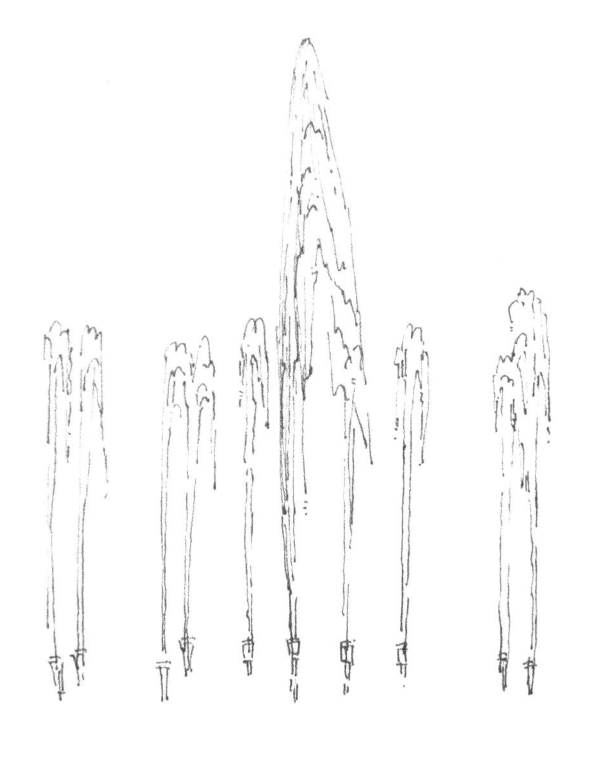

（3）画出背后的弧形喷泉及水线，以衬托出画面的前后关系。

（4）画出喷泉后方的基地并添加一些灌木作为配景，然后绘制出喷泉的明暗关系及水中的倒影，画到这里，喷泉基本完成。

3.喷泉赏析

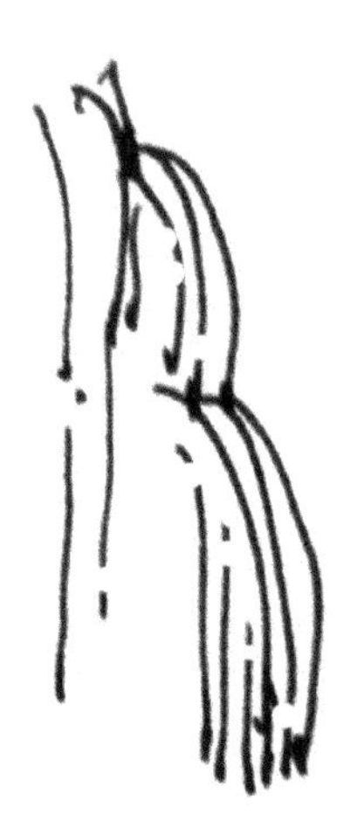

5.3 天空配景的画法

天空，在手绘表现图中的位置比较特殊，因为有时它在画面中占有较大的比重，有时却可以忽略不计。当画面中有一块很大的天空时，很多人不知道从何处着手绘制，但如果空着不去刻画，又显得画面空旷、不完整。在绘制中，如果能巧妙地处理天空，会给画面带来画龙点睛的效果；但如果绘制时不得要领，往往会破坏画面的整体效果。

手绘中所指的天空是带有云层的，如果是万里无云的天空，那就不需要再画云。云是停留在大气层上的水滴或冰晶胶体的集合体，有一定的体量，会受光照的影响而产生阴暗变化，也是天空配景中的主要部分。

5.3.1 云的种类

云的形态各异、变化万千，但也有规律可循，手绘表现时要遵循其自然规律并进行抽象和概括。我们经常见到的为低云类中的积雨云、积层云。

低云分积云、积雨云、积层云。

中云分高层云、高积云。

高云分卷云、卷层云、卷积云。

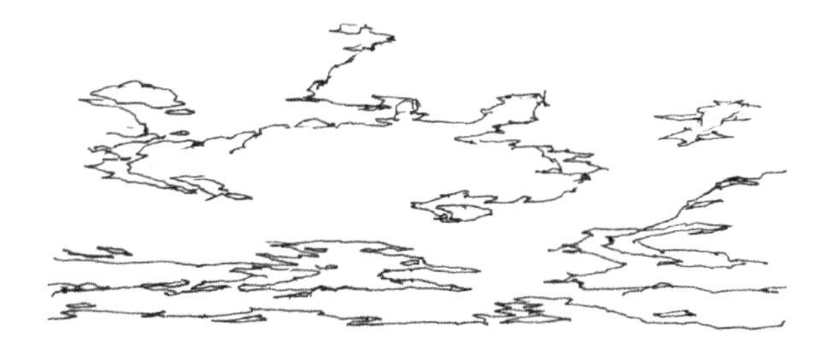

5.3.2 云的表现形式

第1种：以对比法表现云的形式。

第2种：以刻画体量表现云的形式。

第3种：以线条法表现云的形式。

第4种：以漫画法表现云的形式。

5.3.3 云的绘制

（1）画出云层的轮廓，用笔可随意一些。

（2）根据画好的云层完善其他的云层，注意相互之间的位置关系，表现出云层的感觉。

（3）分析光源，用短直线排列出暗部。

（4）根据光源，细致刻画层次关系，完成绘图。

5.3.4 天空配景赏析

5.4 人物配景的画法

人物是手绘表现中最常见的配景之一，可起到烘托主体物、体现景观功能、丰富画面和为画面带来生气的作用，可以说没有人的景观效果图是不完整的。人物还可以作为衡量主体建筑尺度的参照物，人物的视高一般定在1.5m。人物的数量方面，景观庭廊一般安排一两个人作配景就够了，而公共空间尤其是广场、入口、商业区等多用较多的人来烘托建筑的气势、营造热闹的氛围。

5.4.1 人物比例与透视

1.人物比例

人物的画法有写实与抽象两种，写实画法一般用来表现近处的人物，而抽象画法则用于表现远处的人物。不同手法表现的人物可以烘托出不同的建筑气息，使人与建筑协调，形成统一的画面。关于人物头和身体的比例有一个口诀，以一个头长为单位，即“站七、坐五、盘三半”，在画人物配景的时候我们要清楚这点。

成年人全身的高度为7+1/2头长。

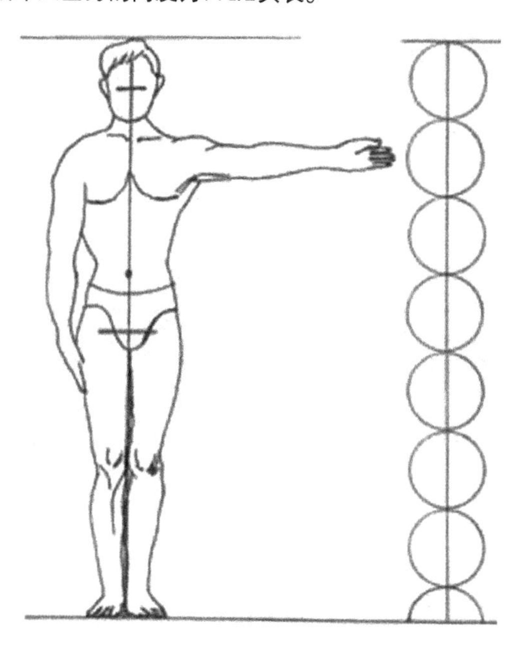

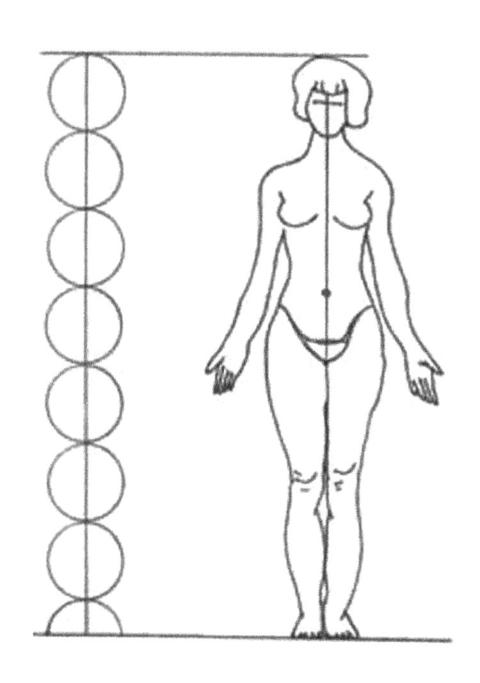

儿童的身高与成人坐姿的人体比例均为5头长，而成人盘坐起来则是3+1/2头长。

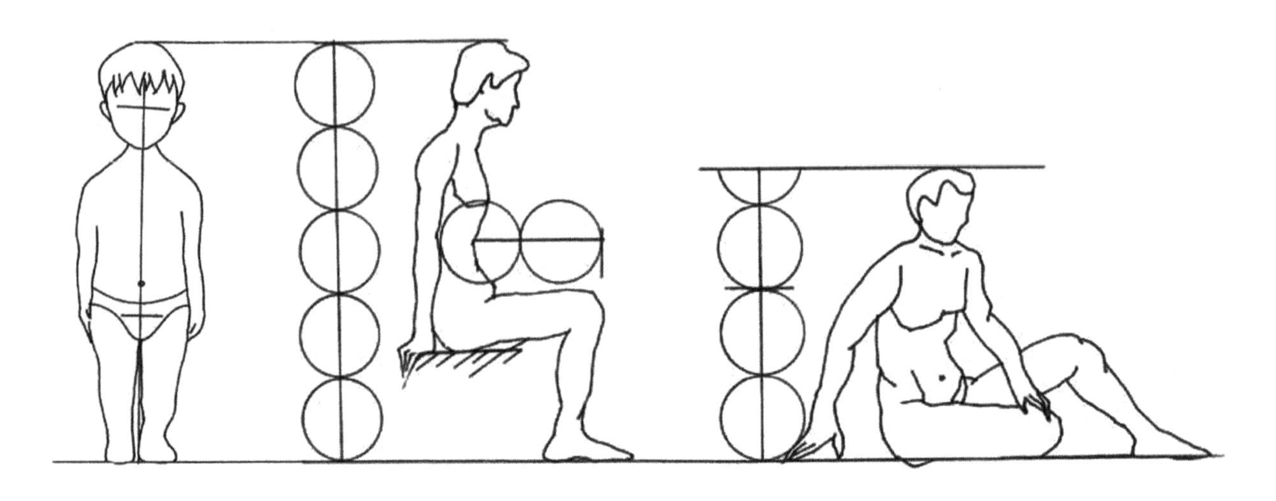

2.人物透视

人物的表现结构比较复杂，是各种体块与曲线的综合体。同时，人物作为配景存在于画面中也要遵循透视规律。

我们要保证配景人物的正常视点都在一条直线上，不违背透视的原则，近处的人物应刻画得细致一些，随着透视逐渐变远，描绘的人物最终只做简单的体型勾勒。

正常视点的透视下，以人的头顶作为一个基准面，人的头部都落在天际线上。只要符合近大远小的透视原则，落脚点的位置相互错开就可以达到透视的效果。

5.4.2 人物配景的表现

1.前景人物表现

（1）绘制出人物的大体轮廓线，注意头与身体的比例。

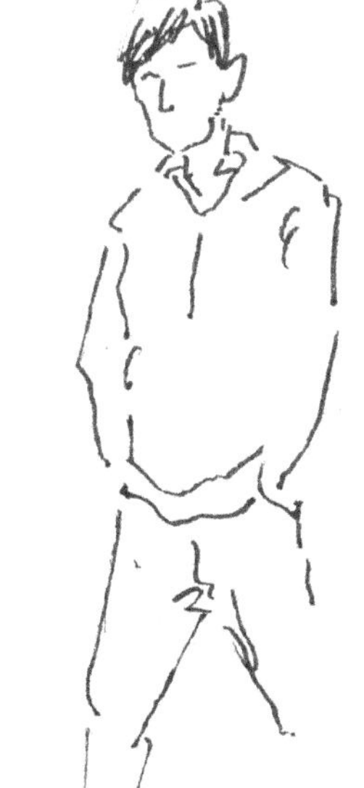

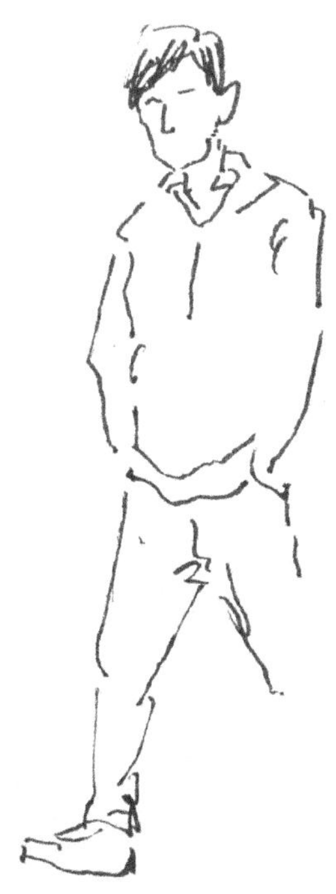

（2）刻画人物轮廓。

（3）刻画出人物的细节部分，如五官、头发、衣服褶皱等。

（4）绘制出人物的暗部，增强画面的空间感。

2.中景人物表现

（1）从发型画起，画出人物的头部。

（2）画出人物的上半身。

（3）画出人物下半身及组合人物。

（4）画出人物的影子。这是画面中非常重要的一个小细节，很容易被忽略。

3.远景人物表现

这种人物画法比较简单，相对于前两种画法用时也比较短，主要用于草图表现中，作为主体物的尺度参照。

（1）大致画出人的身体轮廓，可以根据个人的习惯，从不同的部位开始绘制。

（2）绘制出人的头部与衣服的细节关系。大多数景观配景中出现的人，由于无须刻画细节，因此，在画的时候，我们可以将其看作一个整体来处理。

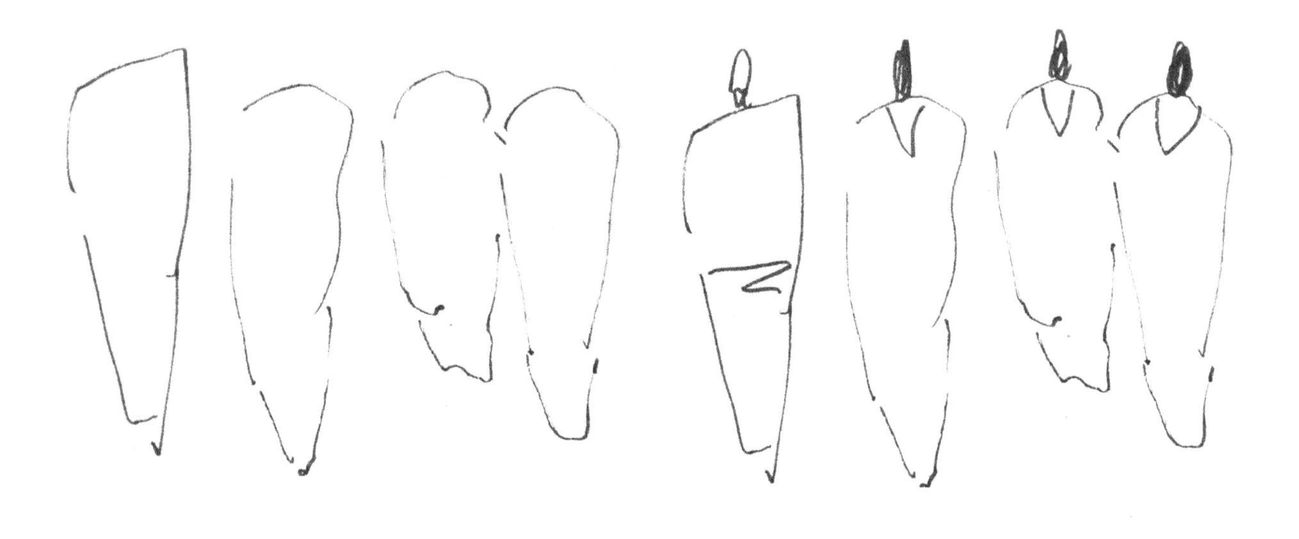

（3）完善人物轮廓及细节，这一步就需要画出人物的手臂与腿。

（4）绘制出人物衣服的明暗关系及地面的投影，绘制完成。

5.4.3 人物配景赏析

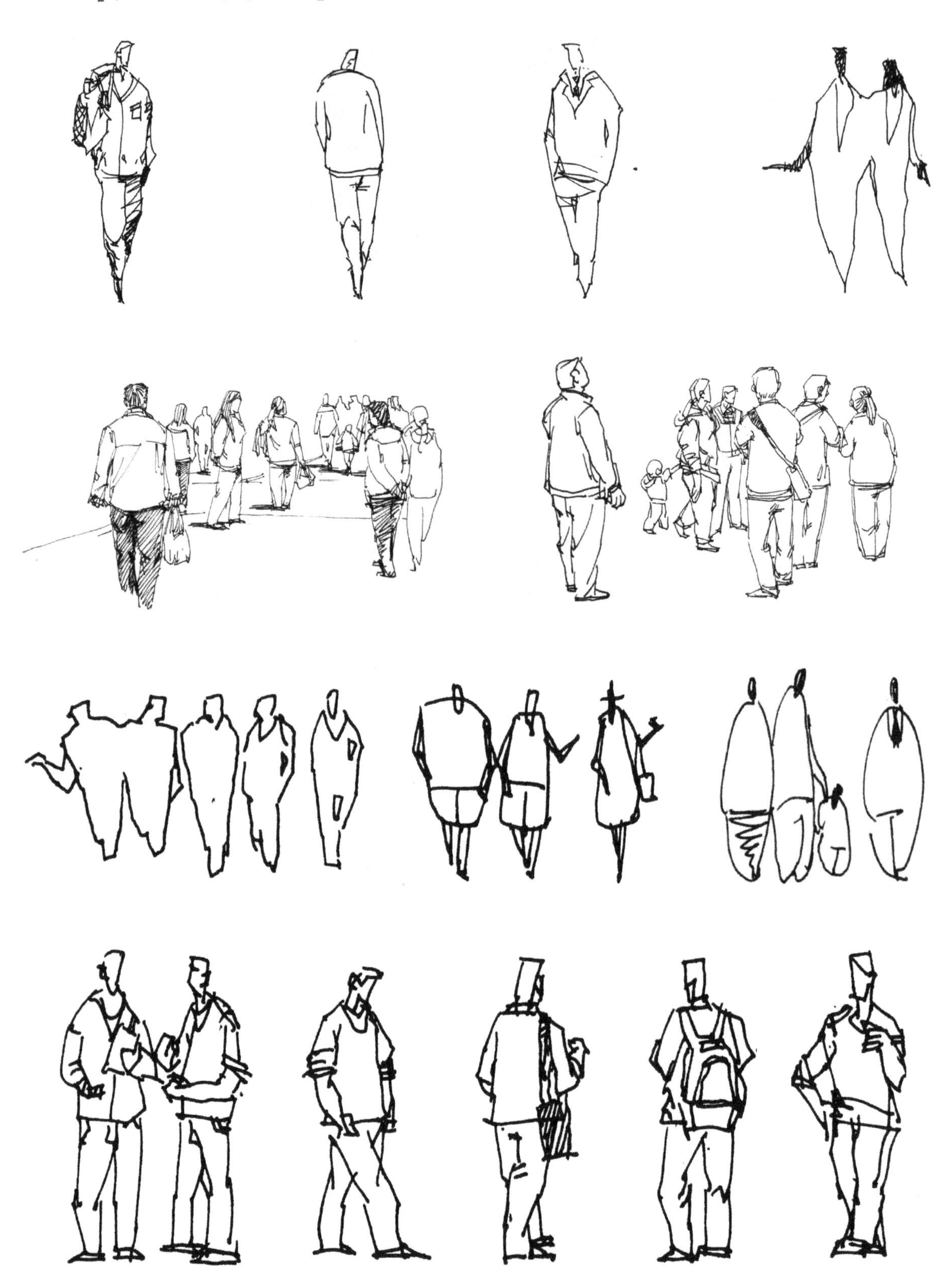

5.5 交通工具配景的画法

这里所说的交通工具主要指汽车，除非在一些特殊景观空间中，比如车站、机场、码头，才会用到大巴、飞机、轮船等其他交通工具。交通工具作为配景主要起到丰富画面内容、烘托画面气氛的作用，当然，同人物配景一样，也可以作为主体尺度的参照物。不同的汽车对于画面气氛的烘托也是不同的。比如名车多出现在高档酒店及高档别墅等建筑附近，货车多出现在物流中心和仓库等地区，而普通家用车多出现在住宅、普通公共空间等地区。

5.5.1 机动车的画法

相对其他配景来说，汽车的造型往往是较难画的一种。对于其流线型的轮廓，做到线条流畅、造型准确是一件不容易的事，需要多加练习，注意先找准透视关系再追求线条的流畅。

1.汽车的绘制

（1）绘制出汽车的大致形态，注意汽车的透视方向和车轮的位置关系。

（2）细化汽车的轮廓与形态，如车窗、车轮和车头部分。

（3）深入刻画汽车的明暗关系。注意加深车轮、排气口、车窗等细节的暗处。

（4）绘制出配景，点缀画面。

2.电瓶车的绘制

（1）从车头入手，画出车头与车顶。

（2）画出车的轮廓、轮胎及一些细节。

（3）画出车上的座椅，完善车上的细节。

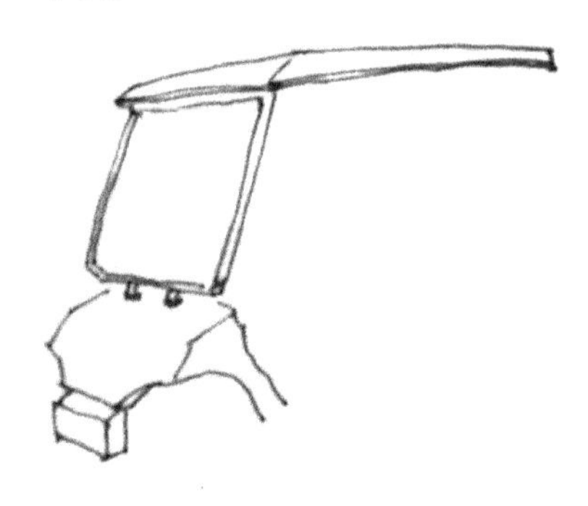

（4）进一步完善细节，画出车灯、轮胎纹理以及地面投影区。

（5）画出车子的明暗关系，加重轮胎与车体的交接部位以及地上的阴影。

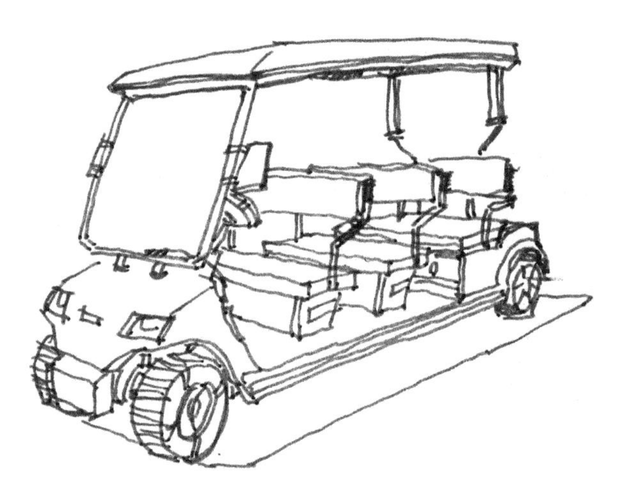

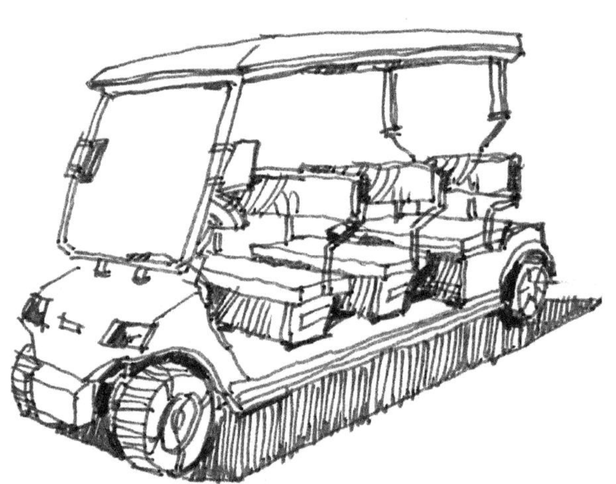

3.公交车的绘制

（1）画出车的大体轮廓，确定车型。

（2）从局部入手，画出车头及车轮。

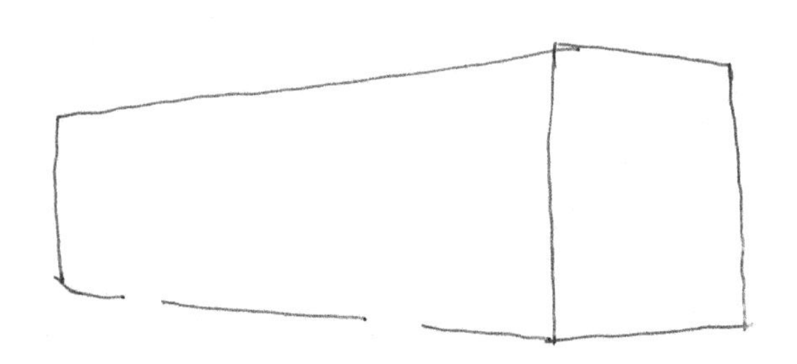

（3）刻画车身，完善车的细节，如车门、车窗和车顶的通风设施等。

（4）进一步完善细节，画出车子里面的结构和车身的阴影关系。

(5)加重轮胎与车体的交接部位以及地上的阴影。

（6）进一步完善阴影的细节，刻画内部座椅并完成绘画。

4.机动车配景赏析

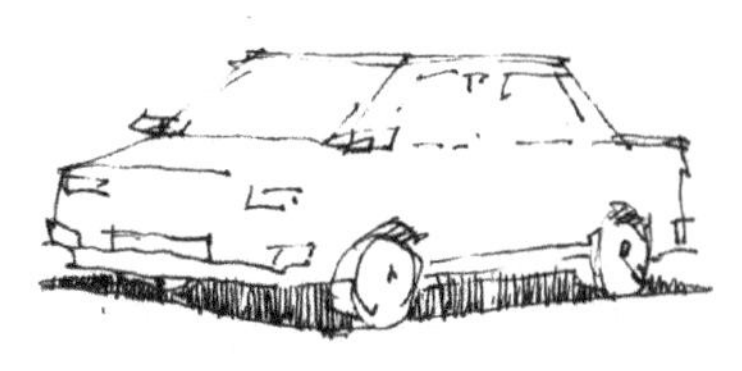

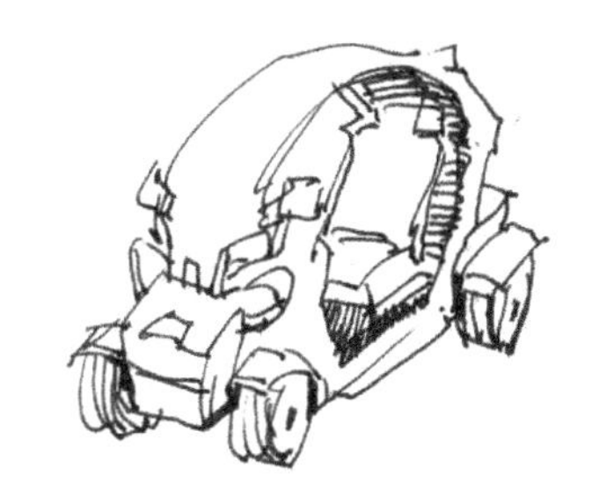

5.5.2 船舶的画法

在景观空间中，船舶作为配景出现的机会比较少，不过在一些特定的空间中，它的存在还是非常有必要的。比如码头、海边等地都会出现它们的身影。

1.船舶的绘制

（1）画出驾驶舱的大致轮廓。

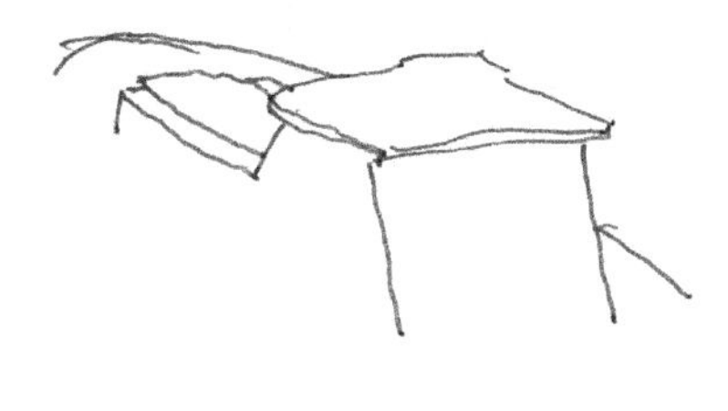

（2）画出游艇的大致外形、驾驶舱的窗户和岸台的位置。

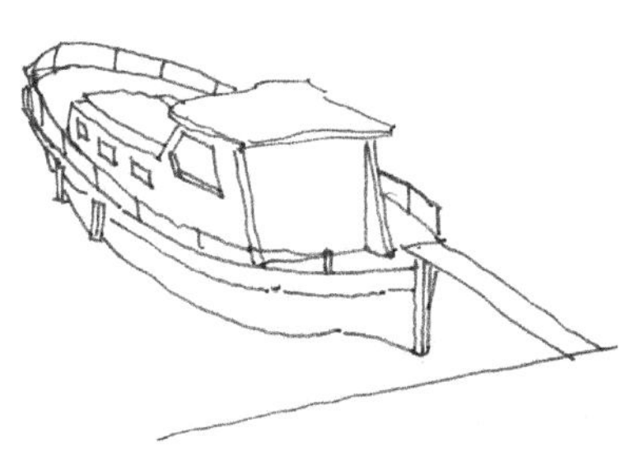

（3）画出游艇轮廓细节，将游艇的结构进一步完善，如驾驶室及船顶的结构，勾画出倒影的轮廓。

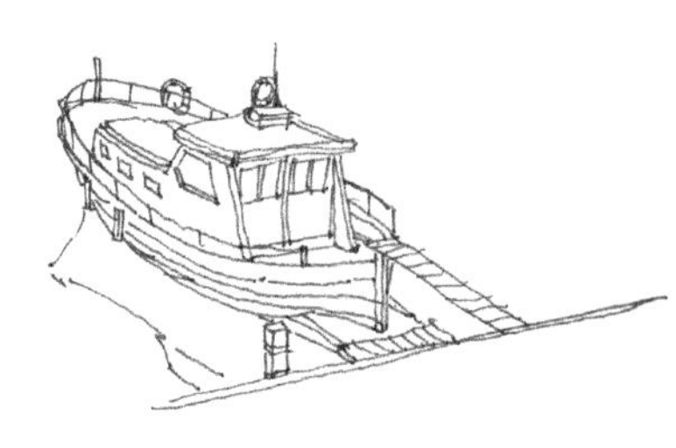

（4）画另一条船作衬托，然后画出它们之间的明暗关系和水中的倒影。

（5）根据画面效果，进一步完善画面，补充船体上的小细节。

2.船舶配景赏析

5.6 景观小品的画法

5.6.1 景观空间盒子的表现

这里所说的景观空间盒子是指能容纳游人活动、休憩的小型公共设施空间，它可以是景观平台、售卖亭、自行车站点、公交站点或公共厕所等。

1.景观平台的绘制

（1）画出平台的大体轮廓线并画出其厚度。

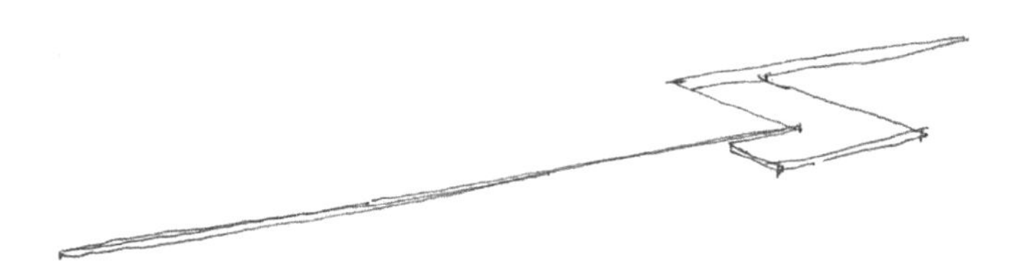

（2）画出平台的整体结构，并画出小岛及周边河道与岸边的位置关系。

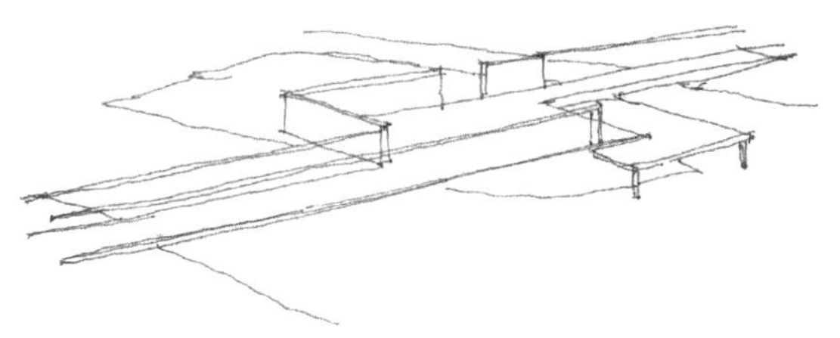

（3）刻画平台，完善扶手、木铺、围墙的细节。

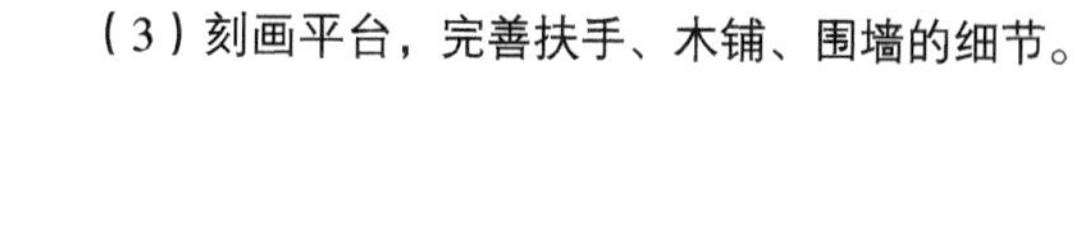

（4）进一步完善细节，画出小岛上的小乔木以及水岸边上的水草。

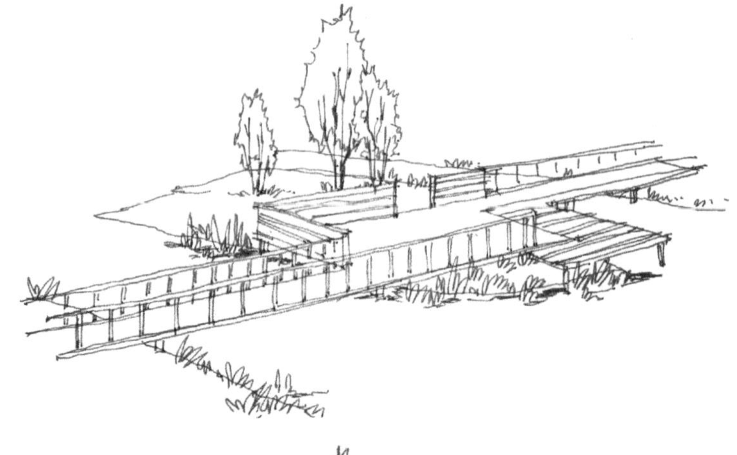

（5）绘制明暗关系，加重树冠下方以及平台与地面交接部位的阴影。

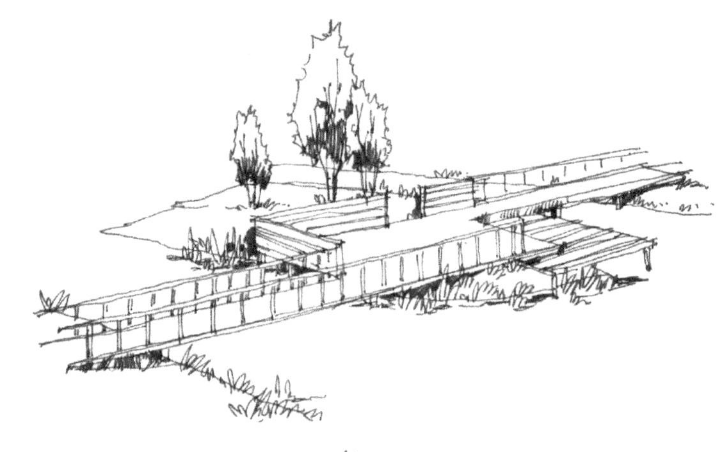

（6）进一步完善阴影及水面的细节，然后用排线画出桥下水面和岸边的倒影，注意前后关系的把控。

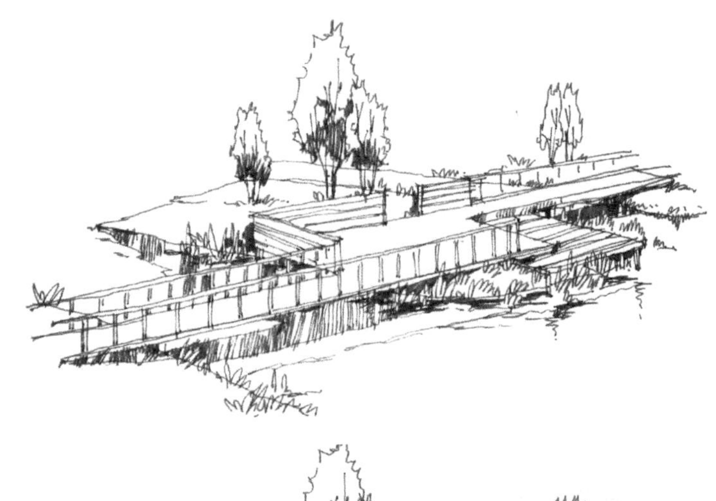

（7）进一步完善画面的细节，加深局部的阴影关系，刻画水面的波纹以及远景的乔木，完成绘画。

2.休憩空间的绘制

（1）画出建筑的大体轮廓。

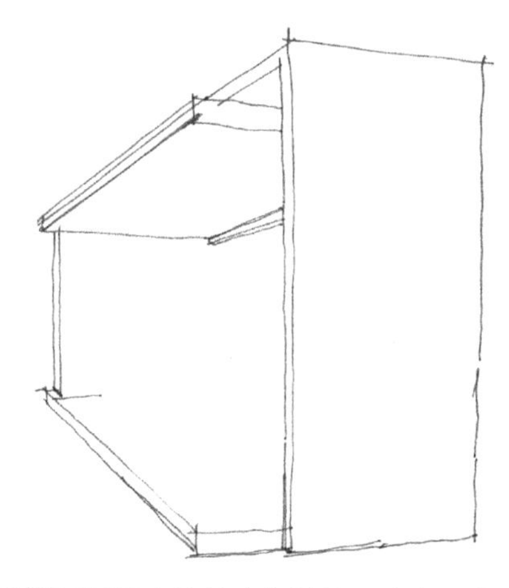

（2）画出地面以及小亭的内部结构，注意吧台和窗户的位置。

（3）刻画内部空间，添加人物、椅子等细节。

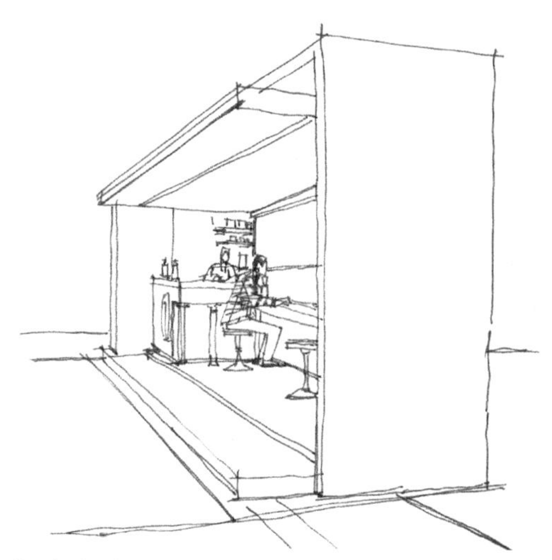

（4）画出周边的植物配景，并刻画亭子与植物的阴影关系。

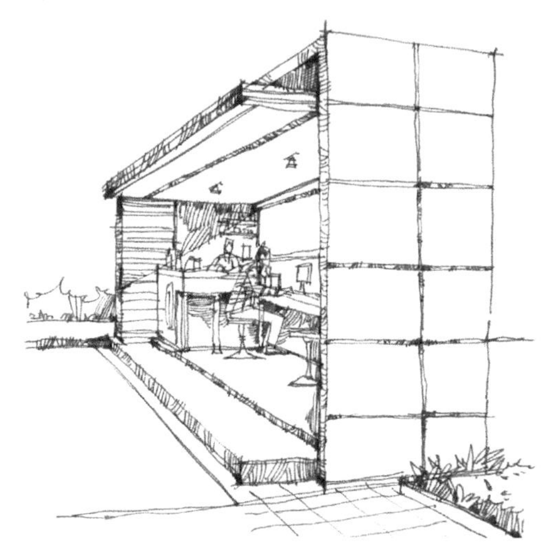

（5）完善画面，加深节点交接处的阴影。由于后景的空间显得比较空旷，可以添加乔木来丰富空间。

3.公交站台的绘制

（1）画出车站顶部的大体轮廓。

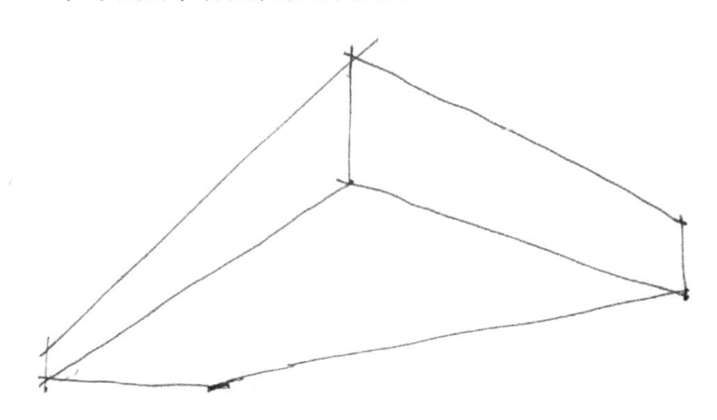

（2）画出下面的支柱、座椅和地面透视线。

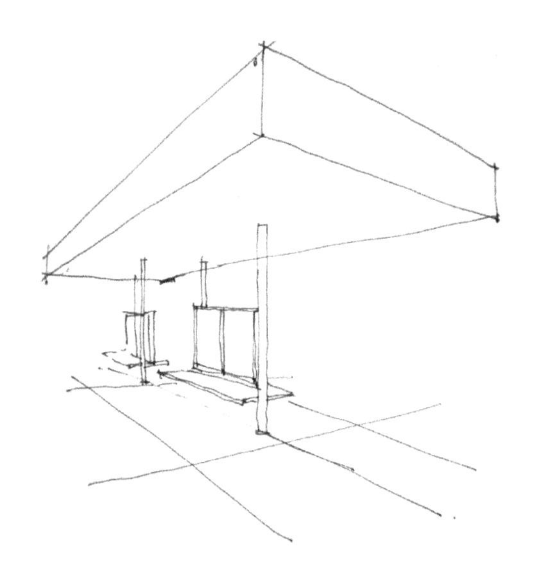

（3）刻画屋顶，完善上面的细节与结构，注意透视关系，越远的格子越小、越扁平。

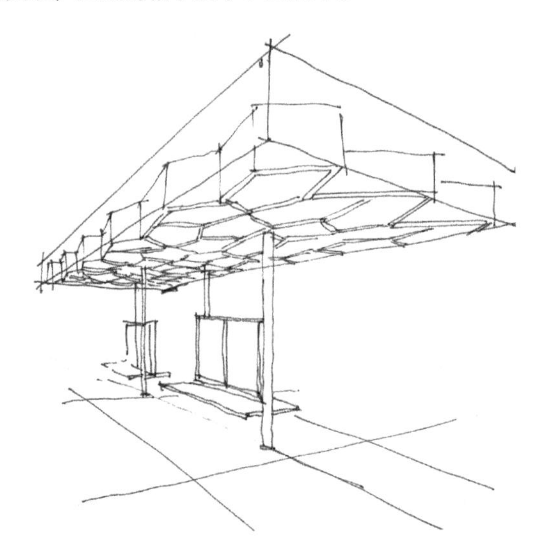

（4）完善细节，画出地面铺装，然后添加一些人物配景并画出整体的阴影关系。

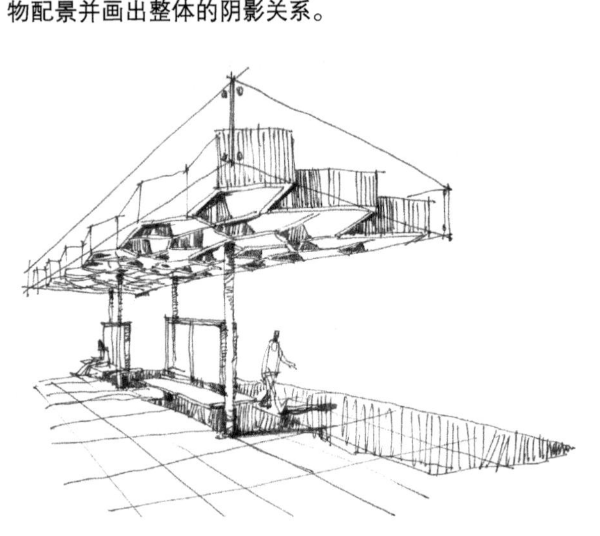

（5）进一步完善细节，画出上部屋顶外围的肌理，然后加深局部的暗影，绘制完成。

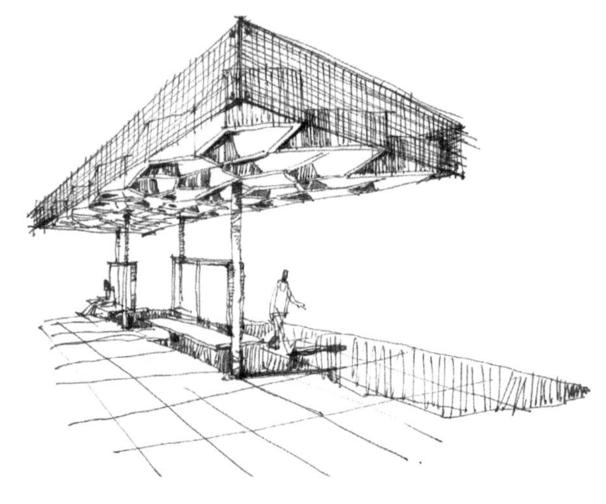

5.6.2 景观地面的表现

地面景观是配景中不可缺少的一部分，主要是以铺装的形式来展现，铺装的设计与景观环境密不可分，不同的景观环境用到的铺装材质也不同。比如大面积广场和人流密集的空间多以石材为主；邻水景观的滨水空间则选择木制铺装；小径、小道则会选用鹅卵石、砂石等材质的铺装。

1.石铺面的绘制

（1）画出地面铺装的大致透视关系线。

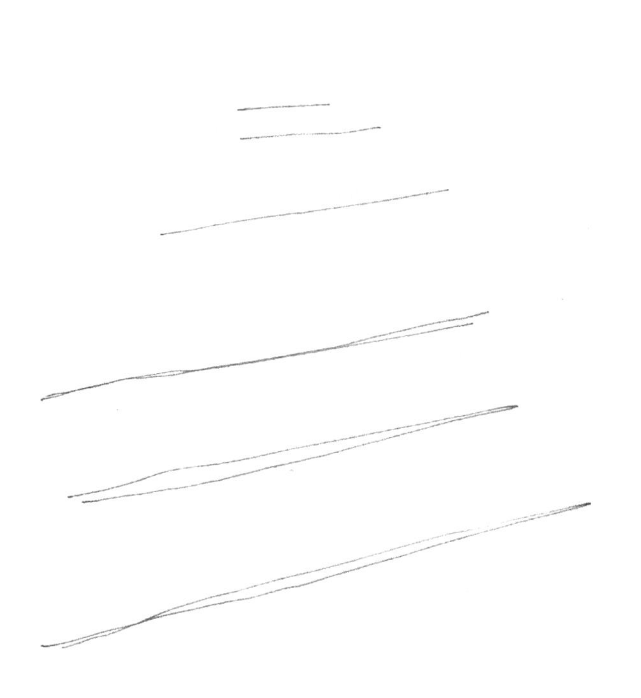

（2）画出石材铺装的外形，注意远近的位置关系以及疏密关系。

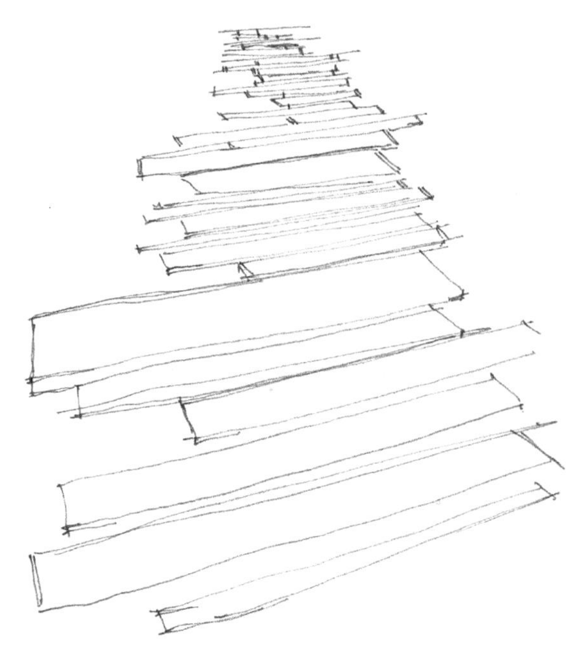

（3）绘制远景以及道路两边的植物。从植物的大体轮廓出发，完善远处地面的细节，如画一些鹅卵石或者碎石块铺装。

（4）进一步完善植物的细节并画出大致的明暗关系及肌理。

（5）刻画近景地面的铺装细节及地上的阴影。

（6）进一步完善地面上的阴影，加深与植物的明暗关系，刻画铺装的间隙，绘制完成。

2.木铺面的绘制

（1）画出木铺装与水台的大体轮廓，确定水池与铺装的关系。

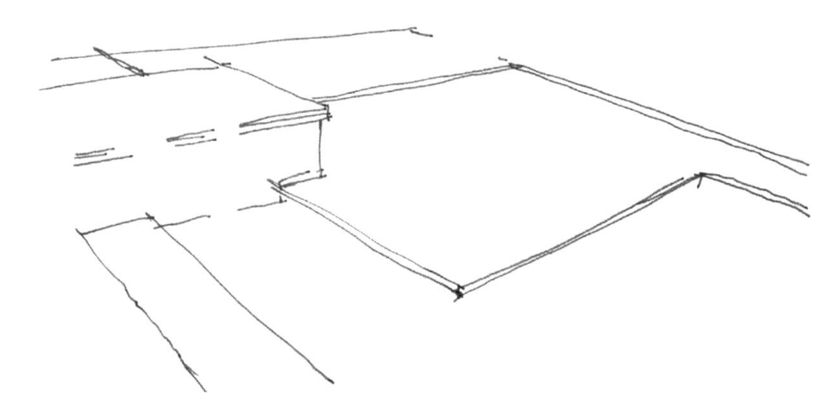

（2）画出水台的外形，并完善木铺装的间隔。

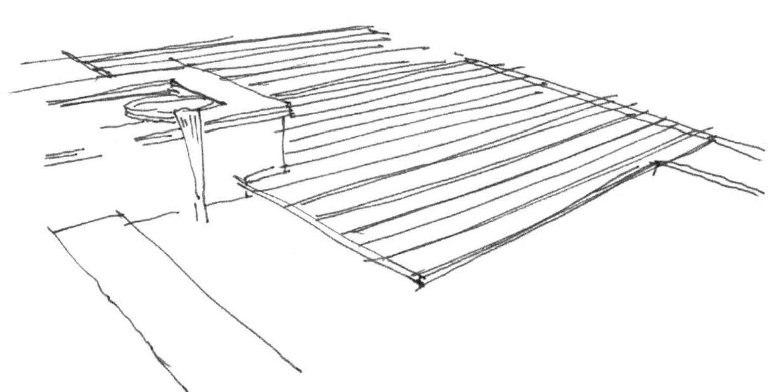

（3）丰富画面，画出周边的配景，大致画出植物的关系及轮廓。

（4）进一步完善细节，画出明暗关系，尤其是加重植物叶子下方和水台的阴影关系。画到这一步已经可以作为草图配景，也可以根据画面的塑造程度再考虑是否增添细节。

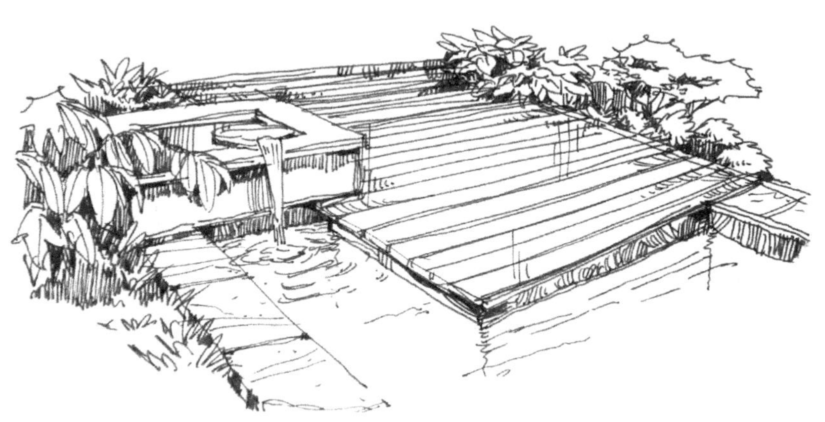

3.台阶面的绘制

（1）画出台阶的大体轮廓及位置关系，注意画出近景石头台阶大致的纹理感。

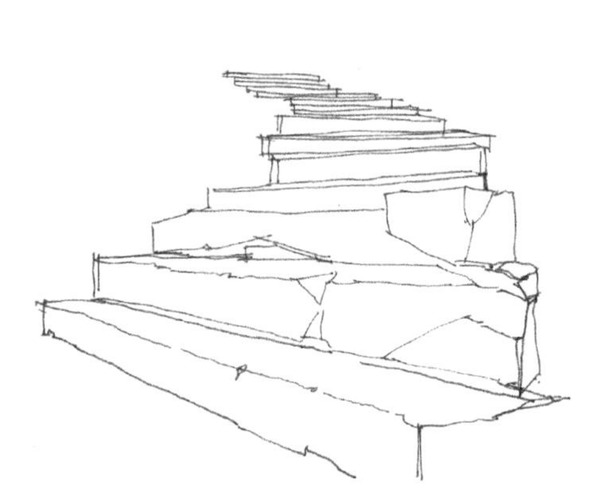

（2）在台阶左侧画一些草本与灌木植物作为配景，并画出地面及右边的石壁。

（3）添加细节与台阶的明暗关系，以丰富画面。画出台阶上方的平台与植物，然后添加一些继续向上延伸的台阶，这样会使得画面的延伸感更强，而不是到上面就终止了。

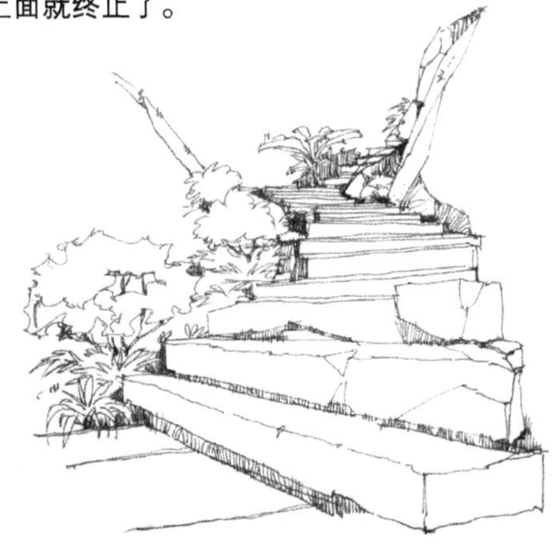

（4）绘制植物的明暗关系，注意要加强植物与台阶的阴影关系。

（5）完善细节，刻画灌木的肌理与近景的明暗关系，然后在台阶的右侧空白处添加些沿阶小草，使右部空间看起来更饱满。

（6）进一步完善台阶、石壁及阴影的细节，尤其是加深物体衔接处的阴影关系，完成绘画。

5.6.3 其他景观小品的表现

1.座椅

（1）画出座椅的大体轮廓，确定造型。

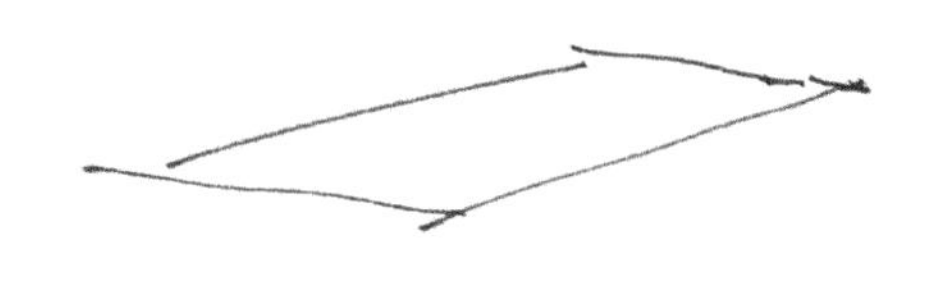

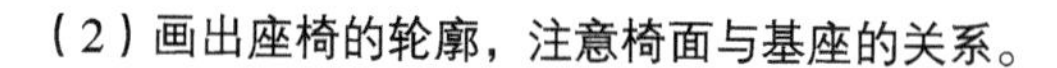

（2）画出座椅的轮廓，注意椅面与基座的关系。

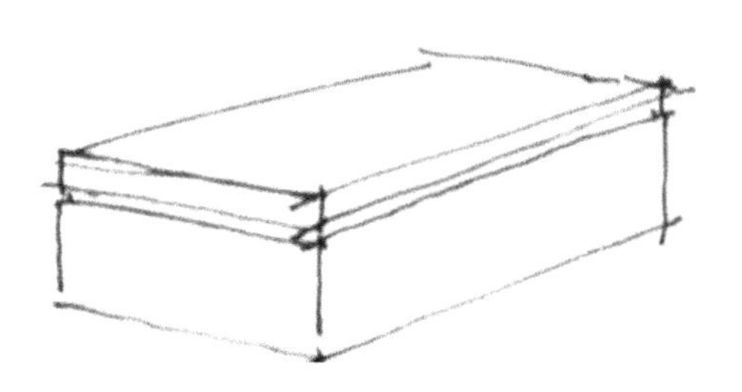

（3）完善细节，刻画椅面的材质，细化底座等。

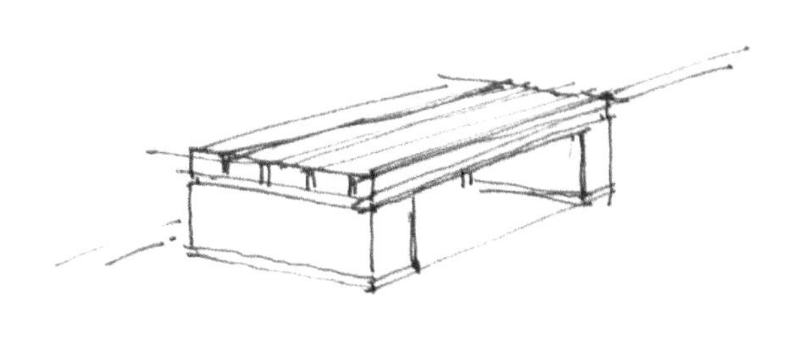

（4）绘制出座椅后方的植物并画出地面铺装结构，植物以草坪和低矮灌木组成，这样不会比主体物抢眼。

（5）用排线画出座椅与灌木的阴影，注意交接部位以及地上的阴影。

（6）进一步完善阴影的细节，深入刻画座椅，加强座椅与地面衔接处的明暗关系，完成绘画。

2.装置物

（1）画出陶罐的大体轮廓。

（2）沿水流向下画出陶罐下面的水盆的大体轮廓，然后画出陶罐的高台与地面铺装。

（3）完善画面，画出周围的植物配景。由于拟定的画面环境相对湿润，所以主要选用蕨类植物，绘制时注意枝叶的疏密关系。

（4）用排线画出大体的明暗关系并增添地面配景，注意把控画面的疏密。

（5）刻画陶罐、水泥台以及水盆的纹理与阴影，然后加深局部的阴影明暗关系，如罐口、罐体与枝叶下部、水盆后侧等。

（6）进一步完善画面，丰富地面与植物以及阴影的细节，完成绘画。

5.6.4 景观小品赏析

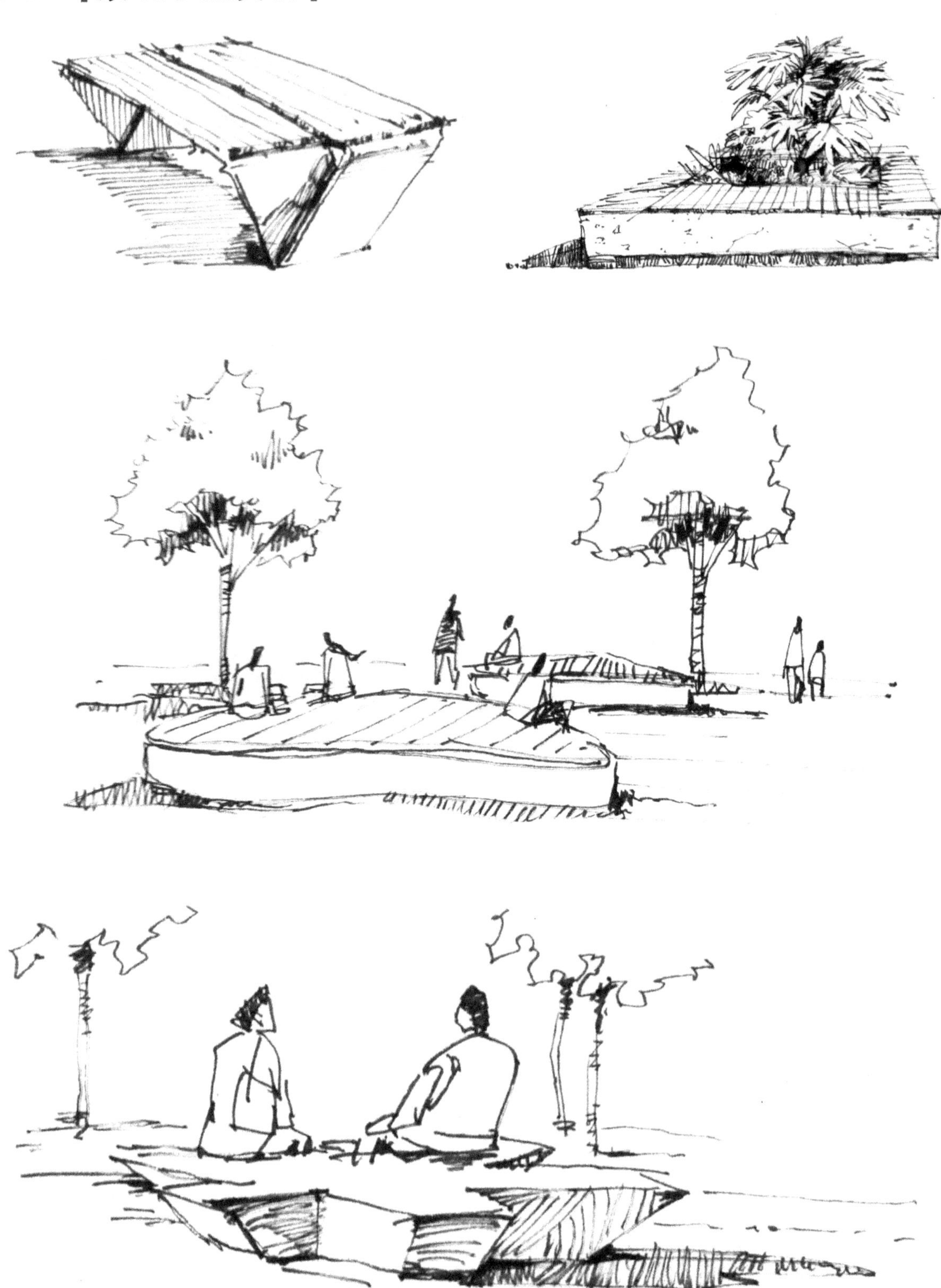

第 6 章

透视与构图

6.1 透视

6.1.1 透视的基本概念与术语

1.透视的基本概念

“透视”一词源于拉丁文“perspective”，意思即“透而视之”。当我们观察周围的物体时，由于距离不同，方位不同，在视觉上引起的反应便会不同，这种现象就是透视现象。

在手绘练习中，常见的透视有3种：一点透视、两点透视和三点透视。为了方便大家学习，下图将常用的3种透视图融合在一个画面内，图中的*VP*1、*VP*2、*VP*3均为同一直线上的3个消失点。在平时的绘画中，人们常常为了画面的美观而省略消失点，但心中一定要清楚消失点的位置，这样才能画出准确的透视。下图中，方体的边线朝中心*VP*1点消失的图称为“一点透视图”；物体两侧的边线同时朝*VP*2、*VP*3两个消失点消失的图称为“两点透视图”；同时朝着*VP*2、*VP*3与画面外的*N*或*S*消失点消失的图称为“三点透视图”（朝*S*方向的叫作“俯视透视”；朝*N*方向的叫作“仰视透视”）。当把画面当中的消失点、消失线（物体边线朝消失点消失的线，图中用虚线表示）去掉后，能一眼判断出这几种图属于哪一种透视，才是掌握了透视的种类。

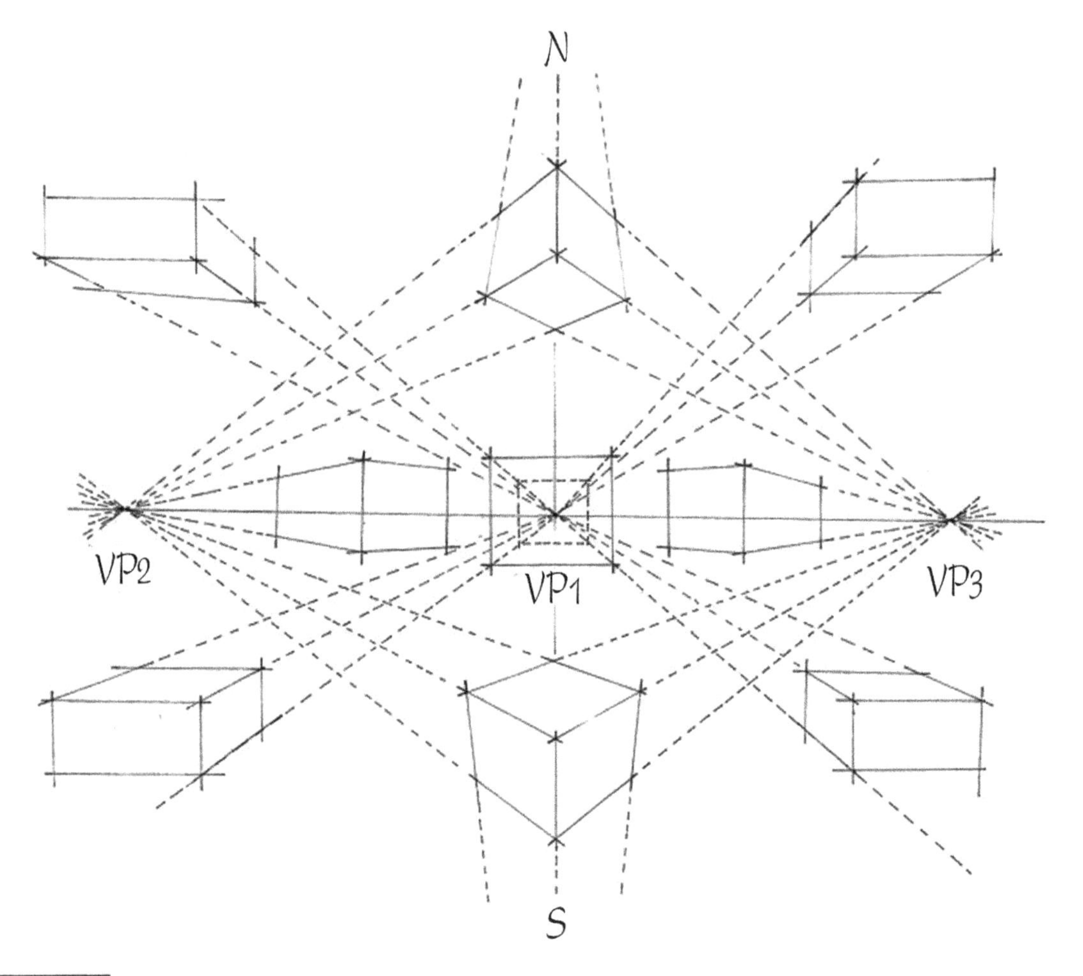

技巧与提示

画三点透视的时候，在画面当中往往很难找到第三个消失点，这时候就需要大家在心中拟定一个位置。

2.透视的基本术语

为了研究透视的规律和法则，人们制定了专用的条件和术语。

画面（PP）：画面是介于眼睛与物体之间的假设透明平面。透视学中为把一切立体的形象都容纳在画面上，这块透明的平面可以向四周无限地放大。

基面（GP）：承载着物体（观察对象）的平面，如地面、桌面等，在透视学中基面默认为基准的水平面，并永远处于水平状态，且与画面垂直。

基线（GL）：画面与基面相交的线为基线。

景物（W）：所描绘的对象。

视高（EL）：视点到基点的垂直距离叫视高，也就是视点到站点的距离。

视平线（HL）：视平线是指与视点同高并通过视心点的假想水平线。

视点（EP）：观察者眼睛所在的位置叫作视点。它是透视的中心点，所以又叫“投影中心”。

视心（CV）：视点正垂直于画面的点叫作视心，也称“主点”。

站点（SP）：从视点作基面的垂直线，与基面的交点叫作站点，又称“立点”。

消失点（VP）：与视平线平行，而不平行于画面的线会聚集到一个点上，这个点就是消失点，又称“灭点”。

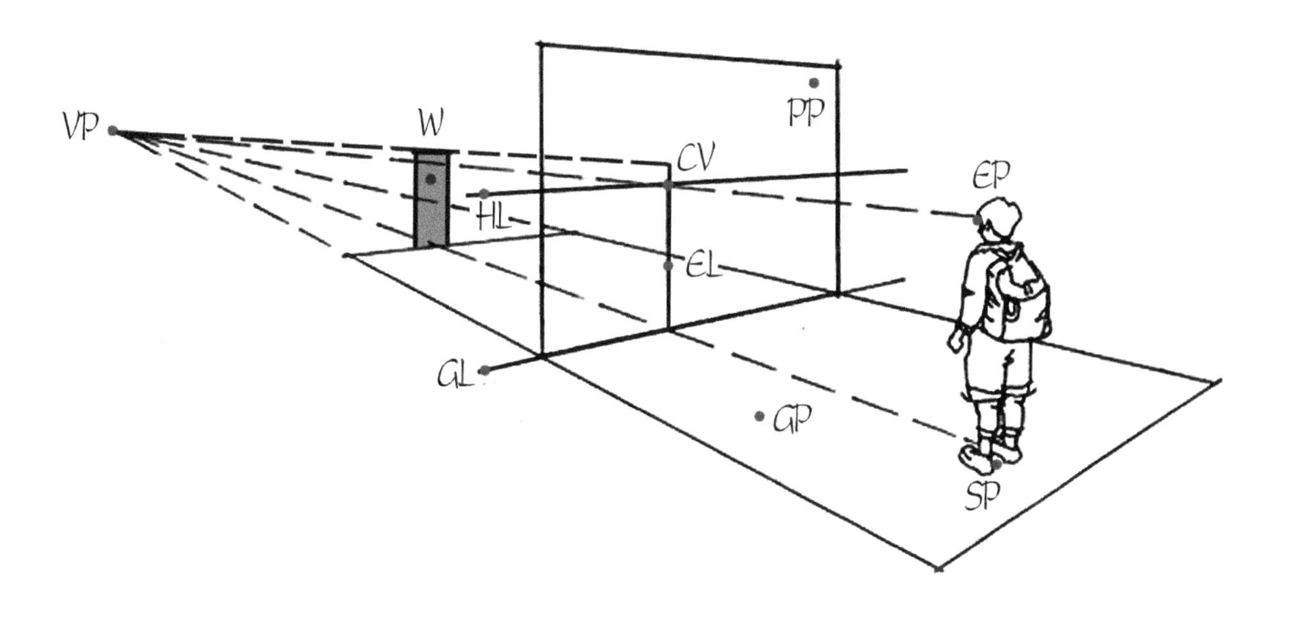

6.1.2 一点透视

1.一点透视讲解

当我们观察物体（*W*）时，若视点（*EP*）正前方的面与假想平面（*PP*）平行，则形成的透视关系称为一点透视。一点透视在视平线上只有一个消失点，又称为平行透视。简单地说，一点透视是画者的视线与所画物体的立面的夹角呈直角关系，物体边线的消失线最终交于一点。

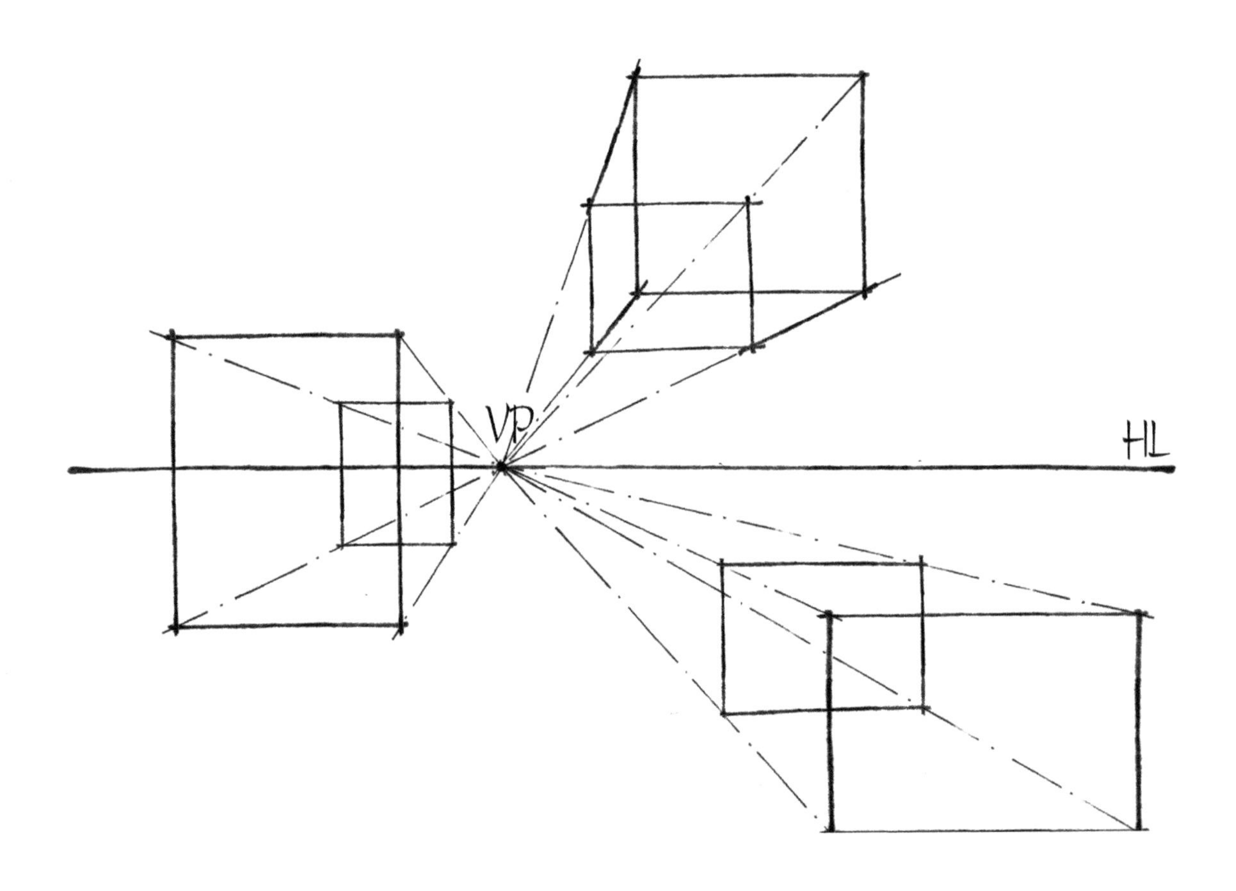

在景观透视中，改变消失点的位置不仅可以改变物体的透视效果，还可改变其视觉效果和空间位置效果。如下图所示，随着消失点（*VP*）的移动我们看到的景物也随之变化，透视效果也会相应地变化。

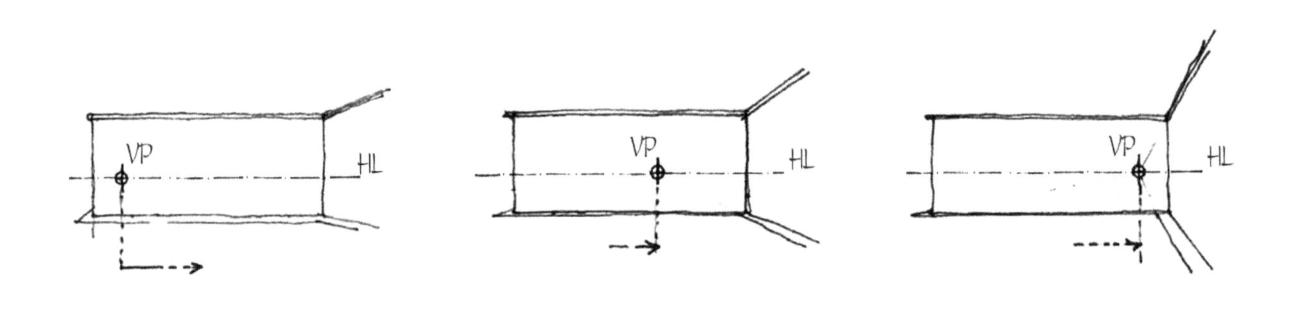

一点透视作品解析

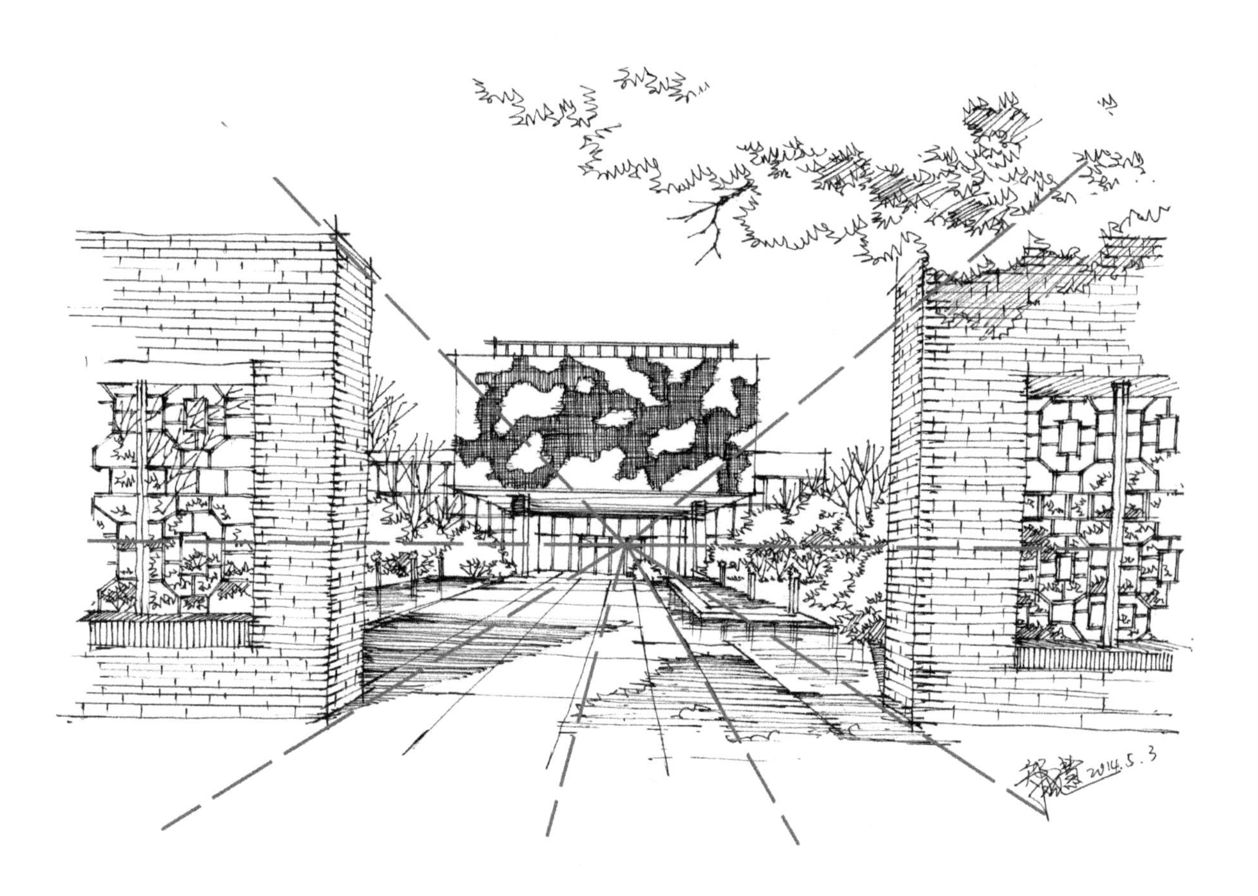

2.一点透视手绘训练

（1）定好灭点，画出整体的透视关系，合理安排画面内容。【用时2分钟】

（2）细化画面的视觉中心景物，周围的配景以此为依据刻画。【用时5分钟】

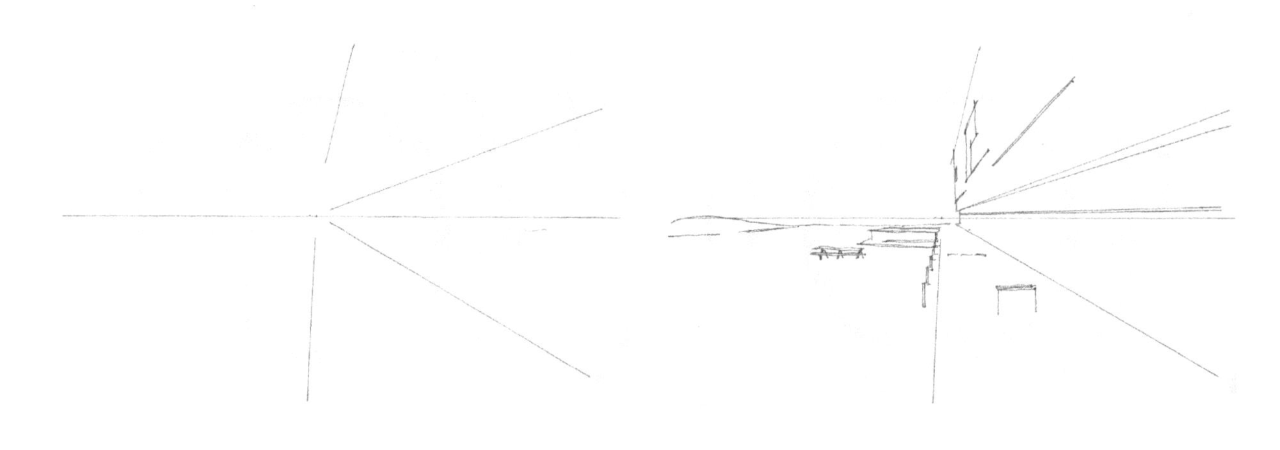

（3）刻画出远景和左侧前景的植物，并大致画出植物的明暗关系，然后绘制人物配景与景观设施等细节，统一画面的节奏。【用时15分钟】

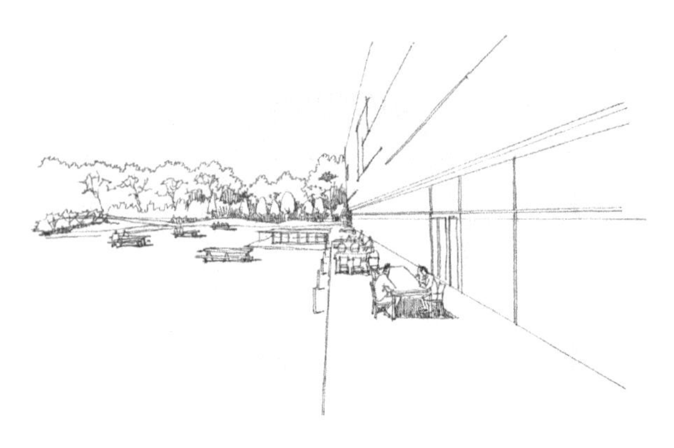

（4）绘制出建筑的细节与结构关系，并进一步加强植物的明暗对比，要注意疏密的过渡。然后进一步丰富画面，添加天空和草坪等细节。【用时20分钟】

6.1.3 两点透视

1.两点透视讲解

两点透视又称为成角透视，因为在视平线上有两个消失点。简单地说，两点透视是画者的视线与所画物体的立面的夹角为锐角，物体的边线消失于两点。两点透视是绘画当中最常见的一种透视角度。

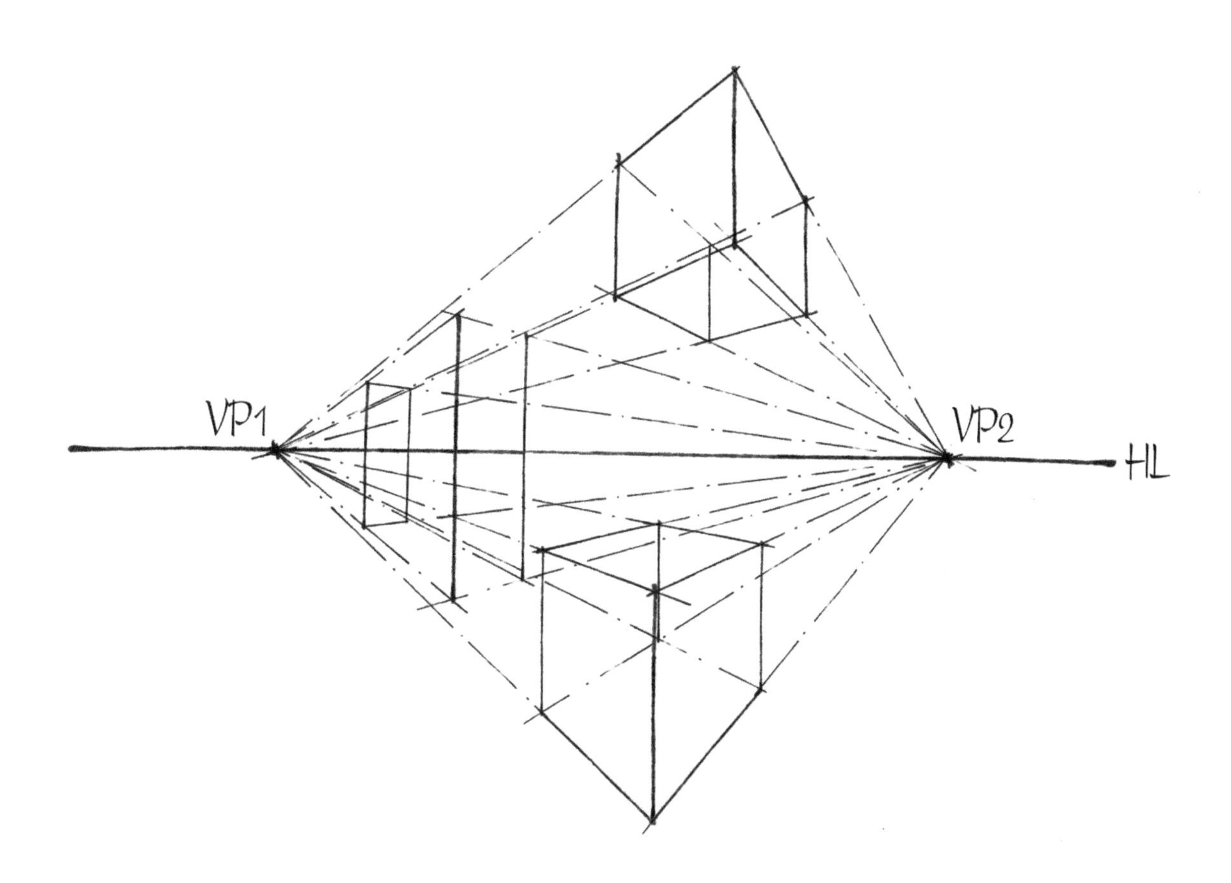

两点透视中两个灭点之间的关系：灭点之间的距离决定着观察物体透视角度的大小。下面请读者先确定好下图中立方体的位置和视平线，然后改变灭点距离的远近，观察物体在透视中所发生的变化。

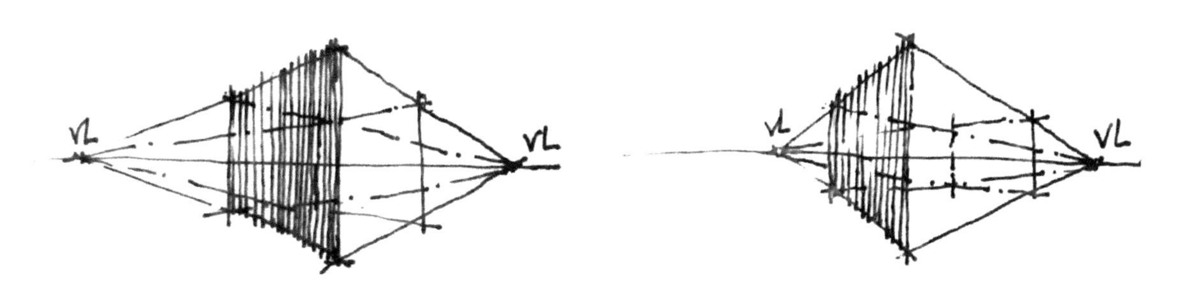

根据上面的对比可以得出结论：灭点之间的距离越远，物体的透视角度就越缓和，物体对我们的视觉冲击就越平稳；灭点之间的距离越近，物体的透视效果就越强烈，物体对我们的视觉冲击就越强烈。

两点透视作品解析

2.两点透视手绘训练

（1）总体布局，绘制出两点透视物体的整体透视关系，并合理安排画面内容。

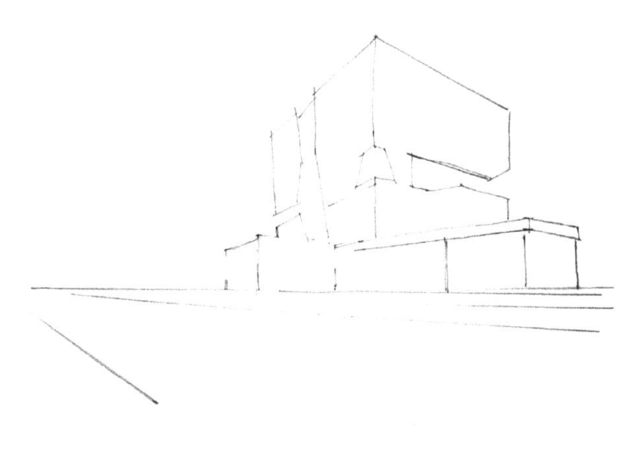

（2）完善画面，刻画出近景、远景的植物与环境的关系，统一节奏。

（3）刻画前景树的枝干、树叶，加大空间关系，然后刻画建筑与近景树的明暗光影，拉开对比。接着进一步细化建筑结构，丰富画面内容。

（4）塑造出河道和前景草丛，然后刻画出水中的倒影，丰富场景气氛。

6.1.4 三点透视

1.三点透视讲解

三点透视分为仰视透视和俯视透视，是画面当中有3个消失点的透视。这种透视的形成，是因为景物没有任何一条边线或面与画面平行，相对画面来说，景物是倾斜的，这就是三点透视的特点。用这种透视关系表现大面积的建筑可给人一种强烈的震撼力。

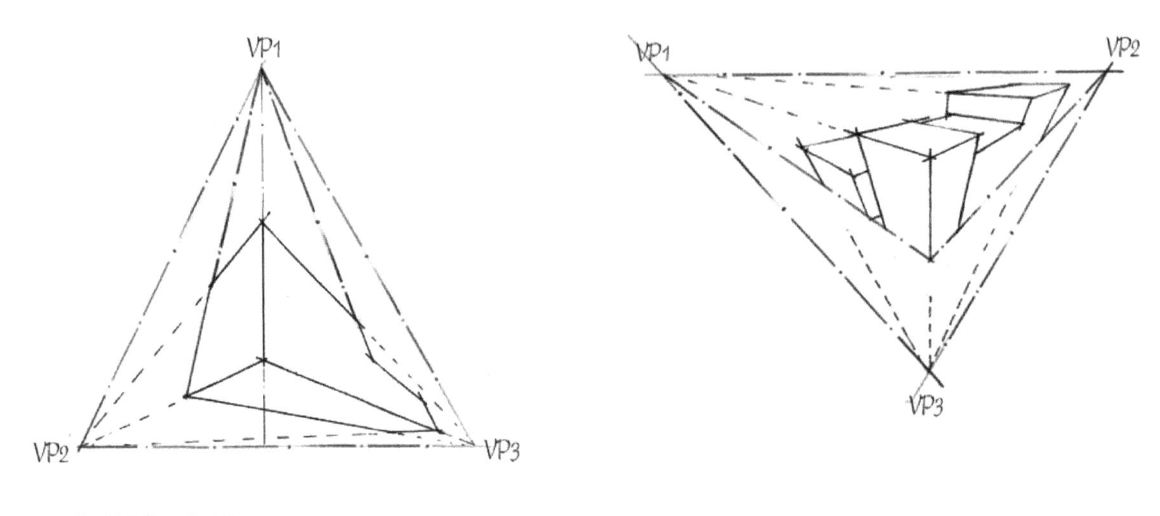

三点透视作品解析

2.三点透视手绘训练

（1）画出建筑的整体透视关系，合理安排画面内容。

（2）完善建筑的整体轮廓与结构关系，注意建筑的细节轮廓。

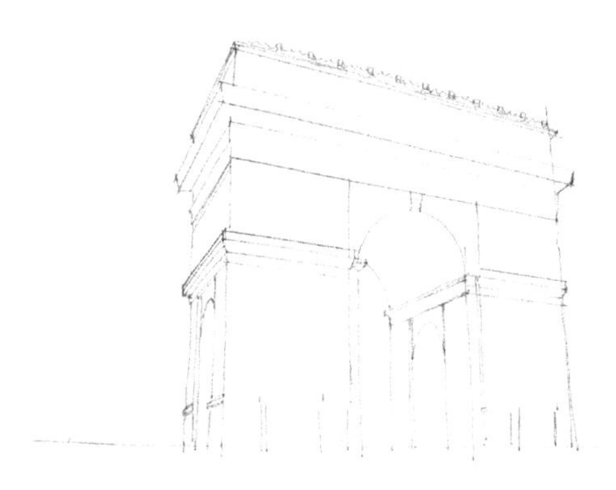

（3）细致刻画门柱两侧的雕塑以及上方的壁画。

（4）细化建筑的细节，尤其是上半部分，绘画时要注意整体疏密关系。然后再绘制远处的乔木与建筑，拉开透视关系。

（5）绘制建筑的阴影。在画阴影的时候应注意光的走向，要侧重加强左侧边和门洞的明暗关系，然后调整画面关系并刻画周边配景。

（6）完善建筑细节，加强画面的明暗关系，尤其是主门洞、雕塑和暗面。然后在前方的广场增添人物配景，注意疏密过渡，越远处的人越小越密集，这样更能凸显建筑的高大气势。接着画出天空配景并整体调整画面，绘制完成。

6.2 构图的方法

构图是手绘创作中的重要一环，只有多加积累和实践才能对画面进行合理布局，最终形成令人满意的作品。很多初学者在学习手绘表现的过程中，经常只重视透视原理或线条的运用，对构图的重要性则比较忽略。而实际上，失败的景观手绘线稿，很大程度上是因为在开始构图阶段就没打好基础。学习构图不仅仅要学会排列，更要学会取舍，就如同中国传统水墨画中的留白一样，有时候大面积的留白其实是对整体画面的调整及深化。初学者在练习每一幅设计手绘之前一定要先对画面的构图进行仔细分析，选取最合适的构图进行表达才能得到完美的画面。

6.2.1 常用构图形式简介

1.均衡构图

均衡构图一般给人以饱满的感觉，画面结构上完美无缺，物体安排巧妙，对应而平衡。

2.对称式构图

对称式构图具有较强的平衡、稳定、相对的特点，给人庄严肃穆的感觉。在绘画的时候，并不是简单地把画面的两边画得一模一样，而是在相对中又有变化，这样画面才不会显得呆板、缺少生机。

3.垂直式构图

垂直式构图可充分显现景物的高度与深度。在建筑手绘中常用于表现林立的摩天大楼，以及其他以竖直线形式组成的画面。

4.变化式构图

变化式构图通常给人一种意犹未尽的感觉，能够最大限度地发挥人们的想象力。该构图方法的特点是把景物有意安排在画面中的某一角或某一边，在不失画面平衡的前提下，能给人以想象和思考，并富于韵味和情趣。

5.中心构图

将物体放置于画面中心，对画面内容与形式整体进行合理的考虑与安排，使画面具有稳定感、平衡感。这样的构图往往能将人的视线汇聚于主体景物，起到聚集视觉中心的作用，也能突出主体的鲜明特征。这种方式是最容易掌握的，初学者开始构图时可以采用这种方式。

6.黄金分割构图

“黄金分割”广泛运用于各种绘画构图以及摄影构图当中。“黄金分割法”又称“三分法则”，就是将整个画面在横、竖方向各用两条直线分割成均匀的3部分，然后将需要表现的主体放置在任意一条直线或直线的交点上，这样比较符合人们的视觉习惯。

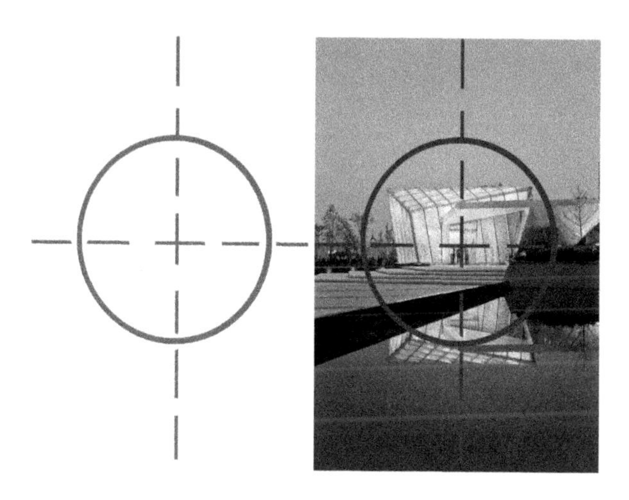

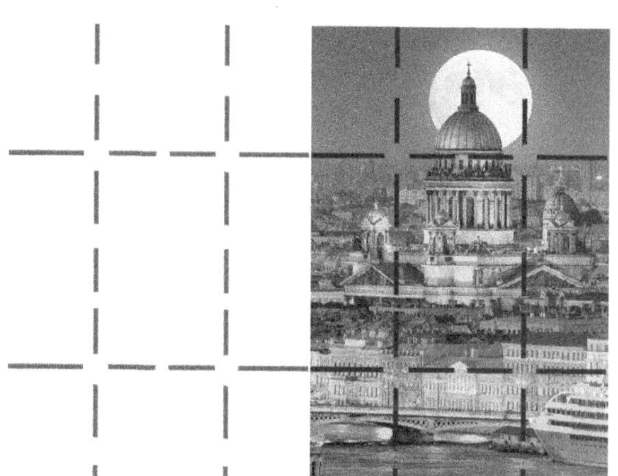

7.三七律构图

“三七律构图”就是将画面按3:7进行分配。若是竖向画面，上面占三分，下面占七分，或上面占七分，下面占三分；若是横向画面，右面占三分，左面占七分，或是右面占七分，左面占三分。

8.几何构图

几何构图法有很多种，如水平线构图、对角线构图、L线构图、S线构图、X线构图、方形构图、三角形构图、圆形与椭圆形构图等，每一种构图都有它的独特性。

水平线构图

具有平静、安宁、舒适、稳定等特点。常用于表现视线比较宽广的远景，像湖面、水面、一望无际的平川、广阔平坦的广场、辽阔的原野等。

对角线构图

把主体安排在对角线上，能有效利用画面对角线的长度，同时也能使陪体与主体发生直接关系，使画面富于动感，显得活泼，容易产生线条的汇聚趋势，吸引人的视线，达到突出主体的效果。

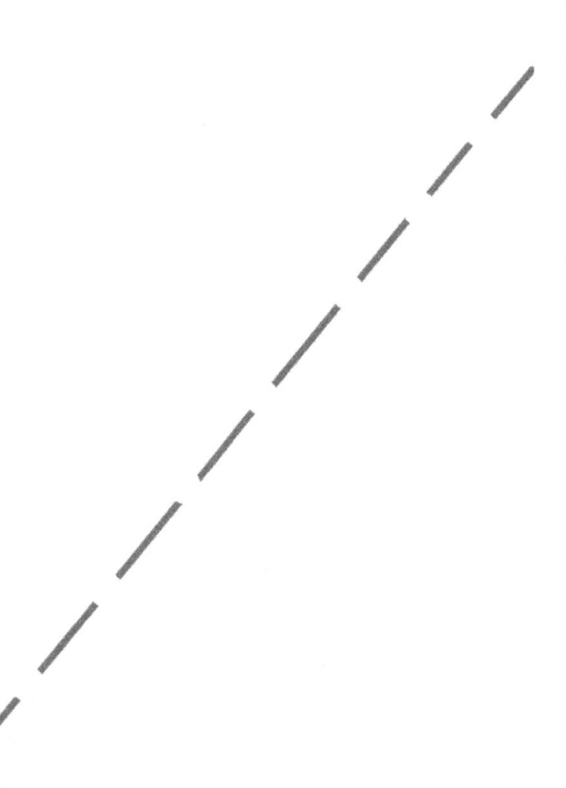

L线构图

L线构图如同半个围框，可以是正L，也可以是倒L，均能把人的注意力集中到围框以内，使主体突出，主题明确。常用于具有一定规律、线条画面的构图。

S线构图

S线构图给人灵活、多变、优美的感觉。此类构图中，主要景物一般呈S形分布，令画面看上去具有较强的韵律感。

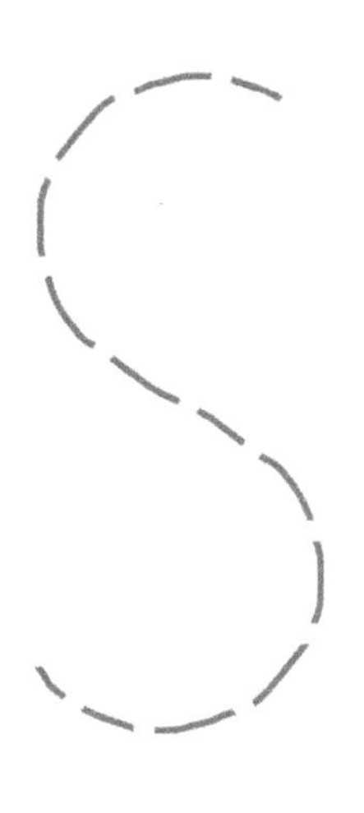

X线构图

X线构图是指画面中的线条呈X分布，透视感很强，一般用于一点透视构图。此类构图的特点是画面中的景物由中间点向四周放大，能够很好地引导人们的视线，表达出画面的主体物。

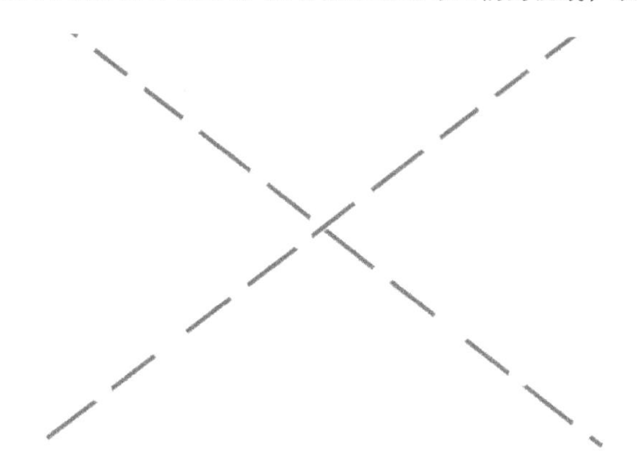

方形构图

将物体集中在一个方框里面，整体感觉充实，画面结构安排巧妙，具有平衡感与稳定性，是常见的一种构图形式。

三角形构图

三角形具有稳定性，因此，三角形构图往往给人带来十分稳定的感受。此类构图能够很好地烘托出画面的主体物，有时为使画面具有灵活性，还可以采用斜三角形构图、倒三角形构图等。

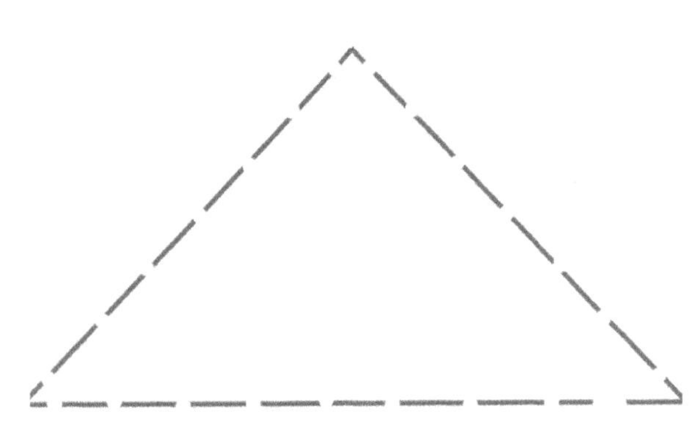

圆形构图

圆形是具有封闭和整体特性的基本形状，圆形构图通常是指画面中的主体呈圆形。圆形构图在视觉上给人以旋转、运动和收缩的特点。在圆形构图中，如果出现一个集中视线的趣味点，那么整个画面将以这个点为轴线，产生强烈的向心力。

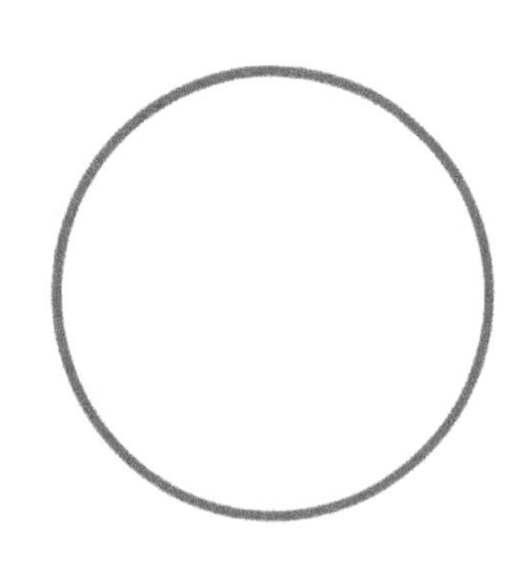

椭圆形构图

椭圆形构图可以形成强烈的整体感，并能产生旋转、运动、收缩等视觉效果。常用于表现场景氛围而不是强调某个主体。

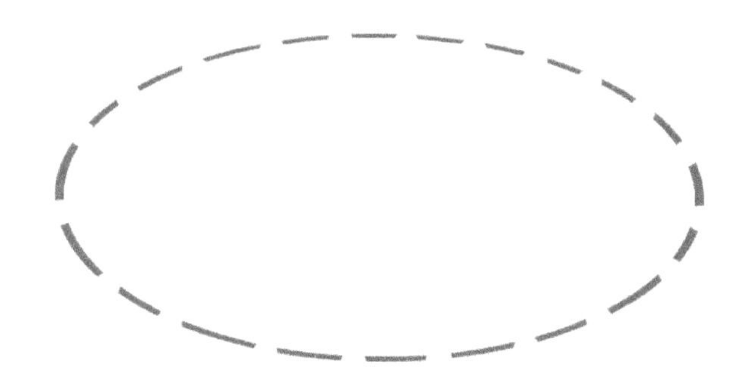

9.其他形式构图

构图形式多种多样，下面介绍几种特殊的构图形式，如斜线式构图、放射式构图等。

斜线式构图

可分为立式斜垂线和平式斜横线两种。这种构图常用于表现运动、流动、倾斜、动荡、失衡、紧张、危险、一泻千里等场景。有的画面也利用斜线指出特定的物体，起到固定导向的作用。

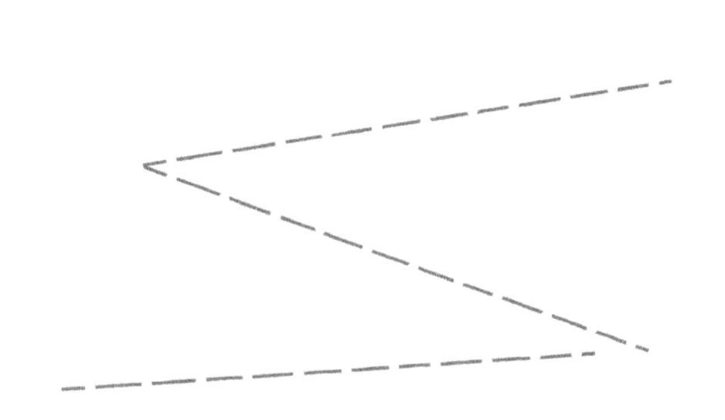

放射式构图

以主体为核心，景物呈向四周放射的构图形式，可使人的注意力集中到被刻画的主体上，又有开阔、舒展、扩散的作用。常用于突出复杂场合的主体，也可使人物或景物在较复杂的情况下产生特殊的效果等。这种构图具有突出主体的鲜明特点，但有时也可产生压迫中心、局促沉重的感觉。

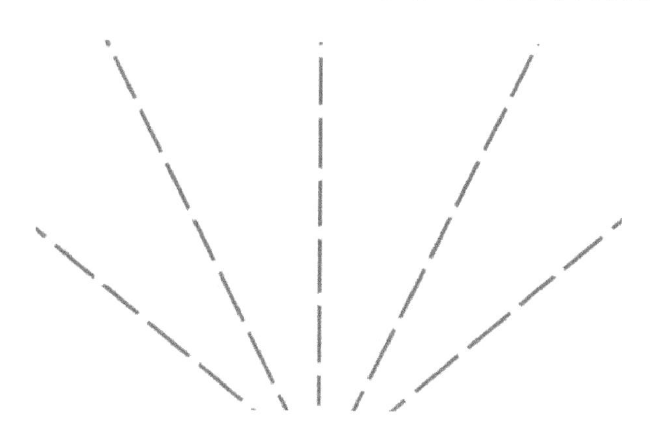

6.2.2 常见构图错误解析

1.构图主题不明

问题分析：初学者往往由于整体把控画面的能力较弱，容易出现构图主体物不明确的问题。在下面这幅画中，主体物本应该是画面中景的6根柱子，但是前景的石头，中景的柱子，后景的山体几乎都在画面中间的垂直线上，而且刻画得过于平均，使人感觉画面没有任何的虚实关系。

矫正方法：为了解决构图主体物不明确的问题，初学者要具有整体把控画面的能力，加强主体物的刻画力度，将主体物从配景中明显地区分出来。矫正后的构图，中景的主体物刻画得细致，前景后景的虚实处理得当。

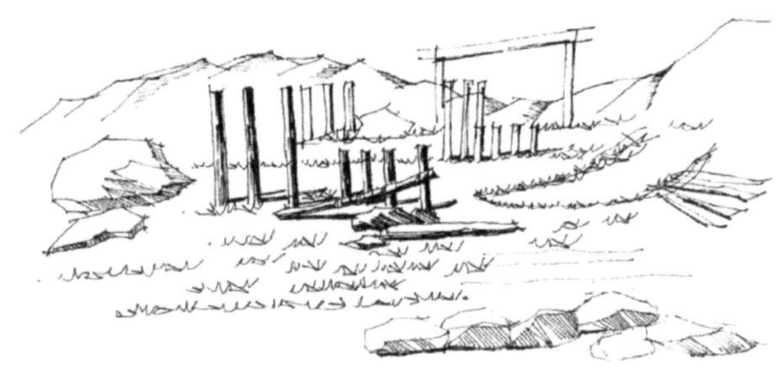

2.构图过满

问题分析：如果构图过于饱满，整幅画面就会给人一种很拥挤的感觉，不透气、很压抑，这种情况往往导致想画的物体无法画完整。造成这种问题的原因，在于作者绘画前没有经过分析，没有考虑要表现的主体物在画面上的比例关系。太过于想刻画细节，从而无暇顾及大局，甚至一开始就从细节刻画。

矫正方法：正确的构图应该是在画面的边缘留有一定的空白或延续，给人有想象的空间，这也是画面由实到虚的一种过渡处理方式。主体物后方的配景不要过多或过于抢眼，在绘画一开始的时候就要把控画面。在主次刻画方面，应该先从整体出发，定出主体物，再刻画细部。矫正后的整个画面，构图恰当、主题突出、空间合理。

3.构图偏小

问题分析：构图偏小是初学者在绘画过程中常遇到的一个问题，这种情况会造成画面太空旷、不完整、视觉冲击力不强。出现这种问题的原因是，作者缺少整体把握画面的能力，对于观察的事物无法在画面中构想出来；另外就是作者对自己不自信，怕画大画多容易出问题，在实践写生当中产生一种不良的心理，导致所画对象越缩越小，最后出现画面空洞。

矫正方法：首先要找准参照物的位置，看看能否把想表现的对象置于画面当中，在脑海中大致勾勒一下绘制步骤，看看还缺少些什么。其次是观察整体，在绘画中要不拘小节，多参考各个景物之间的距离、大小、高低等。最后再看自己的画面中是否把想表现的景物都表现出来了，还需要丰富什么，添加些什么能让画面完整起来。这样不断地在头脑中思考，衡量整个画面，就能很好地克服构图偏小的问题。矫正后的画面与之前相比，构图饱满适中，视觉冲击力相对较强。

4.构图偏移

问题分析：结合前面讲到的均衡构图的知识，我们知道画面的主体物应当在合适的位置，特别是为了突出视觉冲击力的主体物，往往放在画面中心略微偏移一些的位置。但是如果偏移不合理会使得画面重心不稳，直接影响视觉感受。

矫正方法：在绘画的时候，应该先在脑中构思好整幅画面，再下笔去画。针对这张景物画，首先应当确定使用哪种构图方法比较合适。为了突出主体物在画面中的重要性，使画面重心稳定，这里采用中心构图法。调整画面左右虚实关系，利用物体的透视感直达画面中心。

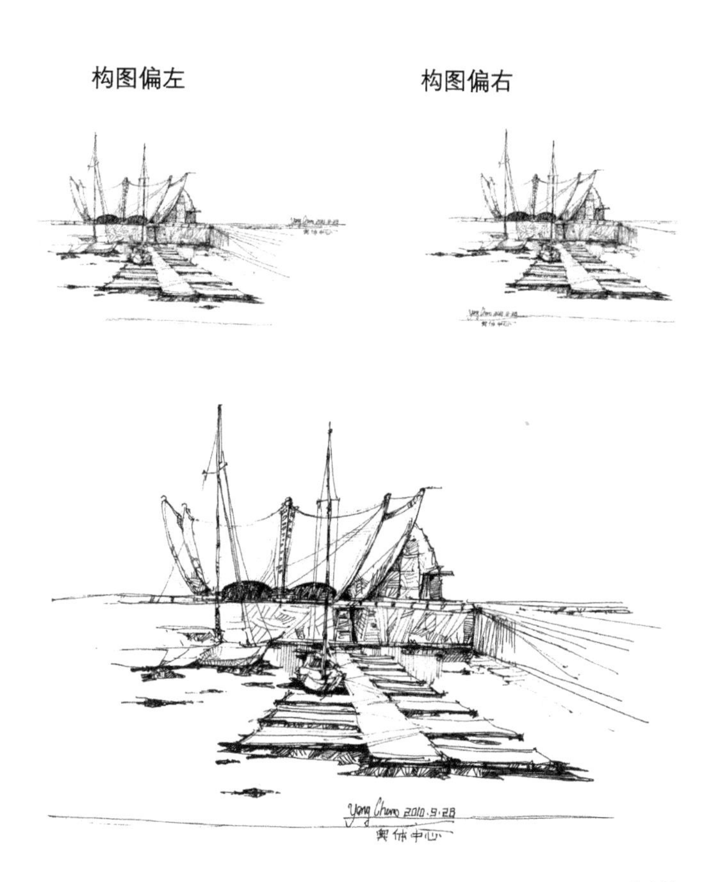

6.3 画面配置

6.3.1 前景刻画

1.前景刻画分析

前景是指处于画面前部的景物，相对来说比较精彩，也适合作为主体景物。在实际的景观手绘当中，处于前景的往往不是主景本身，而是与之相关联的配景，如植物、小品、车辆、人等。这些景物随着观察角度的变换，所占面积的大小也会不一样。配景也可以成为画面的主体景观。

素材图片的前景为一棵大树，无疑成了画面的视觉中心。只需细致刻画前景，合理过渡中景与远景即可，注意不要过于刻画建筑细节。

绘画素材前景分析图

前景手绘表现作品

2.作业：前景素材处理训练

这张素材图片主要是为了描绘出座椅在室外景观中的空间关系。在课后练习时要注意，处于后景的沙发不要过于刻画细节，以免与前景的桌椅产生冲突，大致勾勒其轮廓与大致明暗关系即可。另外，在细致刻画前景与中景时，要适当地加强明暗关系，把握好过渡。

6.3.2 中景刻画

1.中景刻画分析

中景的刻画与强调有两种情况。

一种是前景部分的景物在画面中所占的比重十分少，而面积较大，以大块的地面出现，这种情况下，中景是比较容易处理的。中景在画面中往往会成为视觉中心，只需加强中景的刻画就能很好地表现画面。

另一种是前景实质性景物较少。只需要细致刻画中景使其成为视觉焦点，并处理好前后关系即可，这种情况是比较好掌控的。

绘画素材中景分析图

中景手绘表现作品

2.作业：中景主体处理训练

这张素材图片描述了景观道路。前景的建筑以及中景道路两边的草本植物与灌木都只是陪衬，主体景物为占画面1/2的道路铺装。在进行手绘表现时，远景最好以轮廓线的形式抽象表现。

6.3.3 远景刻画

1.远景刻画分析

远景往往是“虚化”的代名词。构图时，人们通常会将前景与中景强化，虚化远景，不过有时为了衬托中景与前景会将远景的色调加重，注意，加深色调并不代表就是要细致刻画。

景观手绘当中的远景刻画一般采用空气透视法（近实远虚），将远景的景物加以提炼概括，使得主体景物突出，画面透视与空间感强烈。

绘画素材远景分析图

远景手绘表现作品

2.作业：远景素材处理训练

课后练习时要注意，素材图片中处于前景的大面积草地和几何折线型的景观木栈道所占的竖向比例要远远大于远景的树木，刻画时要与远景植物不平均处理。初学者往往会将远景树木用几根轮廓线表现，这样不足以表现出场景的气氛。在细致刻画前景与中景时，要适当地塑造远景高耸的树木，把握好过渡。

第 7 章

景观分类与实例表现

7.1 园林景观的表现

7.1.1 中式古典园林景观的表现

1.私家园林

中式私家园林以苏州园林为代表，主要以人工设计建造模仿天然景物，虽由人作，宛若天开。私家园林一般规模较小，大多以水面为中心，四周散布亭台、轩榭等建筑，构成一个个景点。

（1）用铅笔起稿，画出私家园林亭廊和栈桥的空间位置。

铅笔稿部分作为整幅画面的骨架结构，视平线与灭点的确定尤为重要，视平线避免在画面正中央。

透视线示意图。

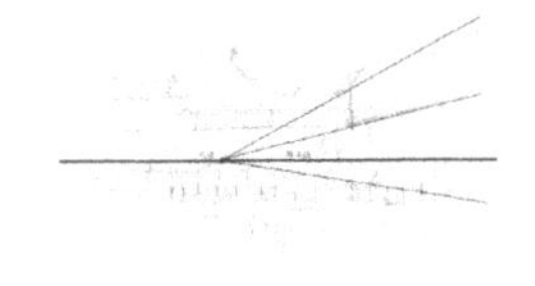

（2）中式私家园林中讲究框景，构图时以前景的植物作为框景，应首先绘制出来。

构图的相关知识可以参考第6章。

注意植物线的疏密关系和在画面中的比例位置。

在绘制植物作为“框”时，要胸有成竹，避免主体画不下的情况出现。

（3）线稿绘制顺序由前往后，画出栈桥以及后面的太湖石小景。

太湖石具有明显的形态特征，外观变化丰富，多空洞。绘制时，注意线条的灵活性、停顿感，表现出石头材质的硬度。

（4）画出亭廊结构线，注意透视要准确。长线可用尺子画，短线可徒手表现。

竖向线条用抖线表现。

景观亭作为画面的主体，一定要注意透视关系，亭子的结构要对称。

（5）深化建筑细节，画出亭子顶面砖瓦质感，再完善墙体和花窗，细化阴影关系。

瓦片质感表现，注意黑白对比及留白。不要把每个瓦片都刻画得很清晰，这样反而会使画面呆板做作，但边缘位置要加重。

阴影画法：用渐变的线条快速排线表现暗面。不同平面转角处的明暗对比在排线时要加以区分。切忌阴影部位交错排线，避免画面不透气。

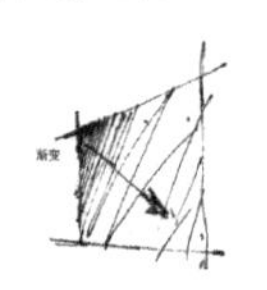

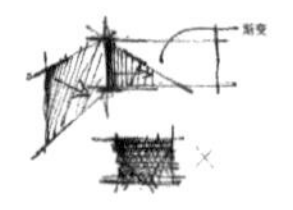

（6）完善远景植物配景，丰富天际线，画出水面及倒影。

远景植物可以通过绘制阴影排线的方式加以对比，表现前后位置。排线时，用笔的侧锋快速排线，不要把线画得太实。

水面投影画法：物体与水面接触的面要加深阴影部分，强调光影关系。

水体画法：水纹线用水平线左右平移画出。

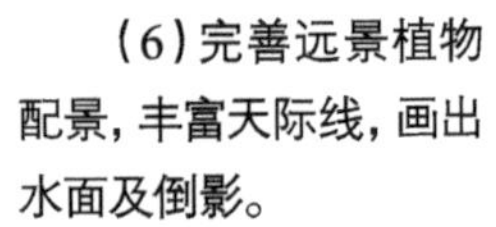

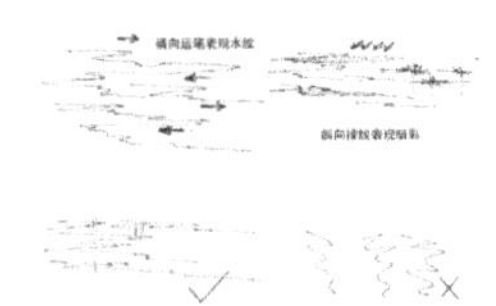

2.寺观园林

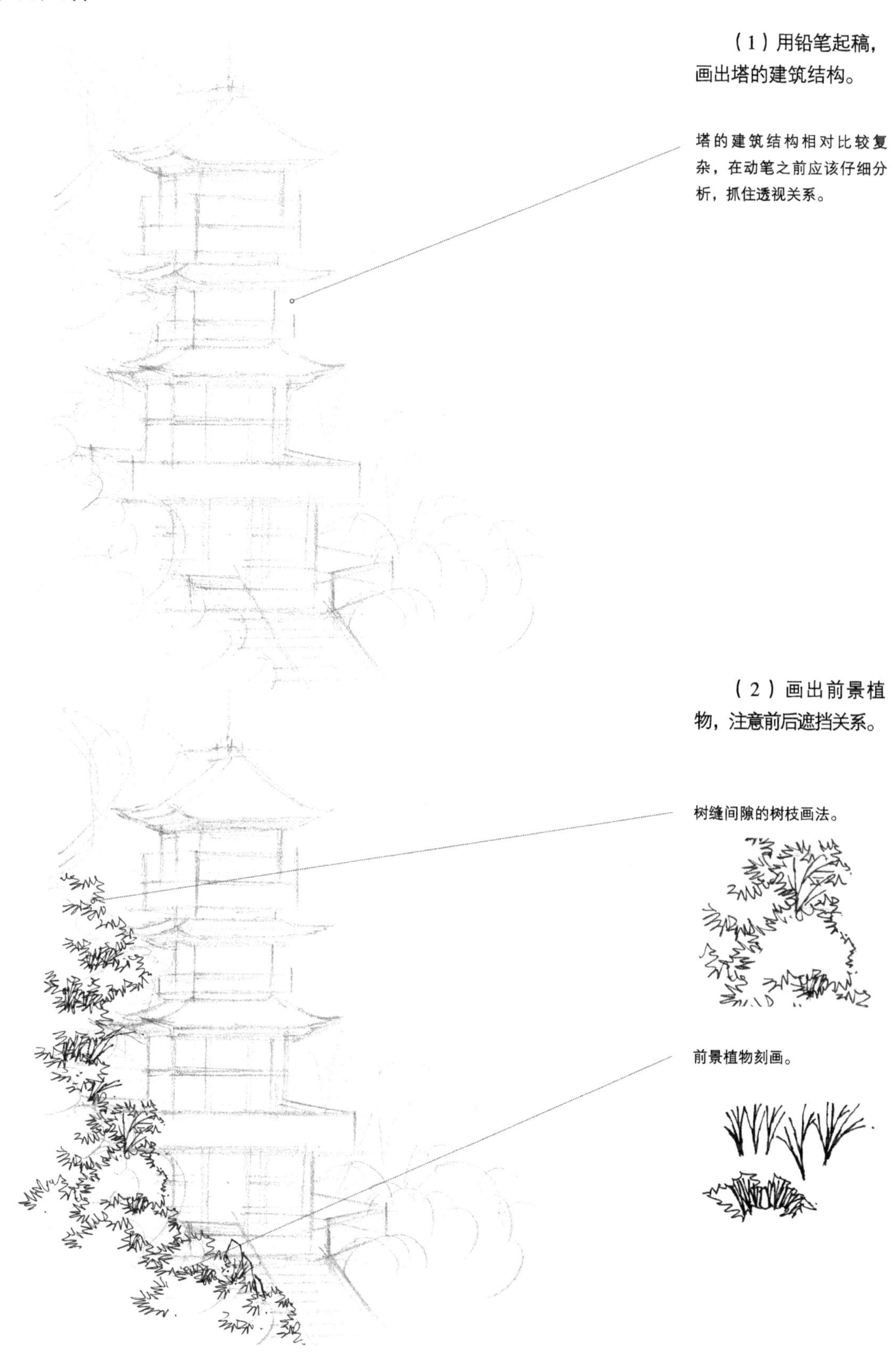

（1）用铅笔起稿，画出塔的建筑结构。
塔的建筑结构相对比较复杂，在动笔之前应该仔细分析，抓住透视关系。
（2）画出前景植物，注意前后遮挡关系。
树缝间隙的树枝画法。
前景植物刻画。

（3）画出建筑底层的楼梯台阶和护栏。

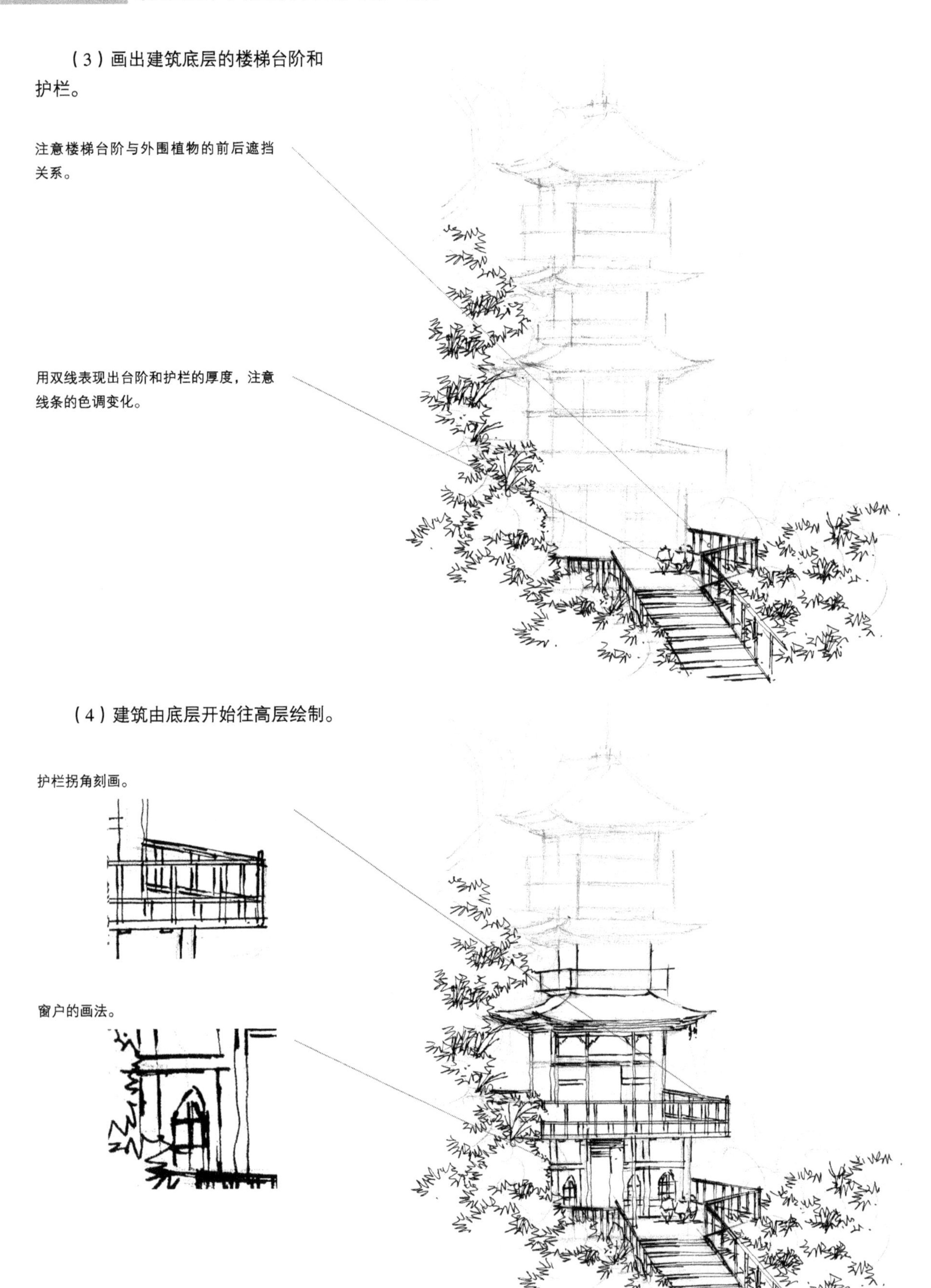

（4）建筑由底层开始往高层绘制。

（5）绘制完成建筑外观主要结构线。

在绘制主要的结构线时，可以用排线的方式适当地表现一下明暗关系。

（6）画出远景环境的山体及植物，然后深化建筑质感，强调画面的明暗关系。

注意建筑顶层表面质感的表现方法和技巧。

在表现建筑顶面的转折时，要根据结构进行排线。

在表现山体时要注意运笔的节奏和停顿，画出山石硬质的边缘线。

7.1.2 日式园林景观的表现

（1）用铅笔起稿，画出主景亭子的位置，并简单定一下石头、植物、水体配景的位置。

透视线分析示意图。

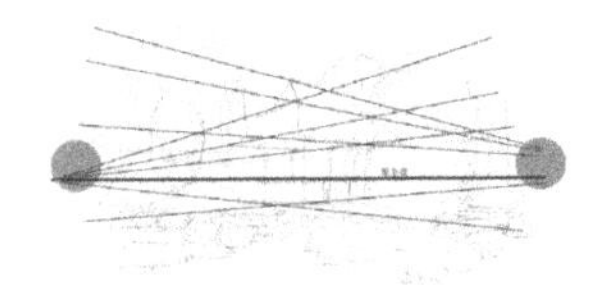

（2）绘制墨线稿，注意石头前后的遮挡关系，绘制顺序由前往后。

在表现水中的石头时，注意石头的前后遮挡。石块后面适当绘制些小草，丰富层次。

（3）绘制后面的植物配景。

对于针叶类植物，画出针叶的边缘即可。

植物缝隙间树枝画法。

前景枯枝的刻画。

（4）画出茅草亭的主要结构轮廓线。

茅草亭顶部是木质结构，用线条表现出质感，排线时注意线条的粗细和间隙。

在表现茅草边缘时要注意虚实的变化。

（5）画出远景植物配景。由于近实远虚，远景植物不必细致刻画，画出轮廓概括即可。

绘制远景植物时可以简单随意一些，线条轻松、灵活。

（6）刻画光影关系，加强明暗对比，绘制水面倒影。

在表现光影关系时，除了应仔细分析光源的位置，还应该掌握不同材质的特性和反光的强度。

在表现水面倒影时，交接的位置颜色深，线条应该灵活一些，表现出水平的特点。

7.1.3 欧式园林景观的表现

（1）用铅笔起稿，画出欧式景亭及周边环境的主要轮廓线，注意地平线和视平线要压低。

透视和构图依然是本步骤需要重点考虑的问题。在画之前应该做到心中有数。

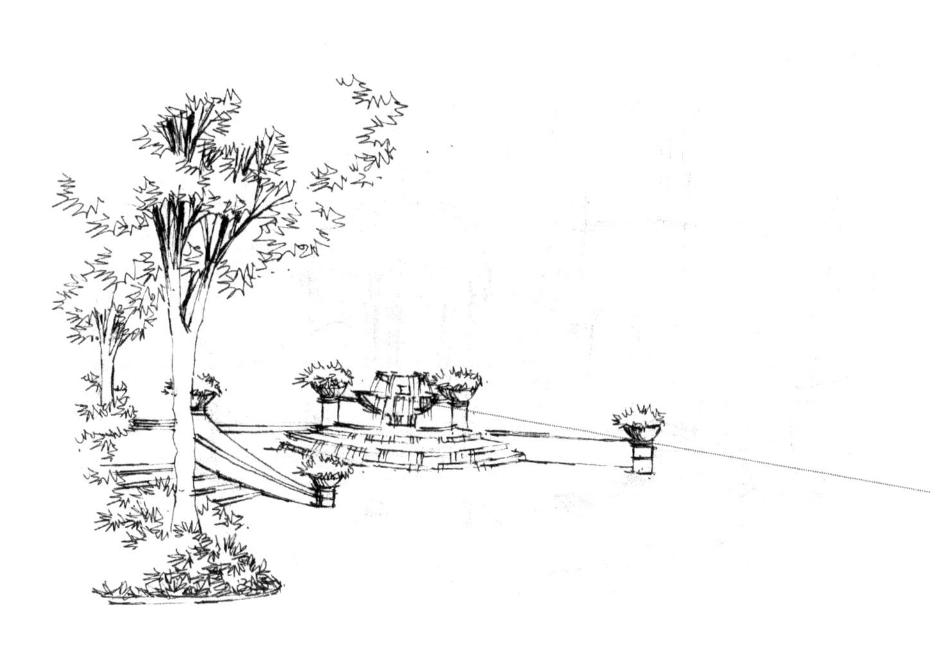

（2）画出前景植物及水景的主要跌水部分。

乔、灌木的表现手法和技巧可以参考第2章。

跌水画法：沿跌水方向快速扫笔画出水流倾斜的质感。

（3）画出植物配景，丰富画面的层次。

远景植物用概括的线条表现。

注意画面中乔木的位置和相互之间的关系。

（4）画出欧式景亭的主要结构及细节。

注意欧式景亭亭顶花纹的画法。

欧式立柱浮雕采用概括的表达方法。

（5）绘制远景植物及楼层。

楼层在画面中所占的比例较少，而且处于远景的位置，简单地表现即可。

本案例所表现的植物很多，在刻画的时候应该特别注意它们之间的位置和比例关系。

（6）画出植物在地面的投影，再刻画光影关系，加强明暗对比，接着绘制水面倒影。

用排线的疏密表现出不同的光影变化。

在绘制地面倒影的时候，注意对透视的把握，否则将破坏画面的整体效果。

7.1.4 伊斯兰园林景观的表现

（1）抓住透视，用铅笔起稿，画出建筑及周边环境的主要轮廓线。

注意视平线压低，保证建筑的稳重感。

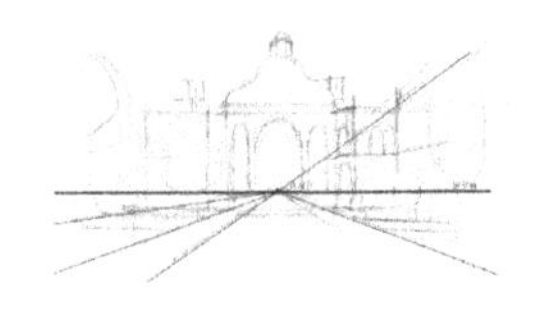

（2）绘制墨线稿，遵循由前往后画的顺序，先画出前景两侧植物及水池的主要轮廓透视线。

前景植物沿阶草刻画。

长线条可以用直尺辅助表现，线条要干净有力，体现出透视感。

（3）丰富配景植物，刻画出植物的层次搭配。

后面的植物用加阴影线的方式来区分前后关系。

注意植物树干的阴影方向要一致，保证光源方向统一。

（4）画出建筑外观主要轮廓线。

伊斯兰建筑轮廓多以曲线为主。曲线用断点续接的方法表现，因为徒手一笔到底难以控制方向。

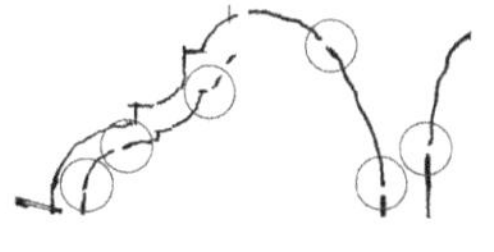

注意建筑的对称关系。

（5）细化建筑外观装饰细节，刻画窗户、门洞细节。

装饰细节刻画，用概括的线条表现。

窗户结构刻画。

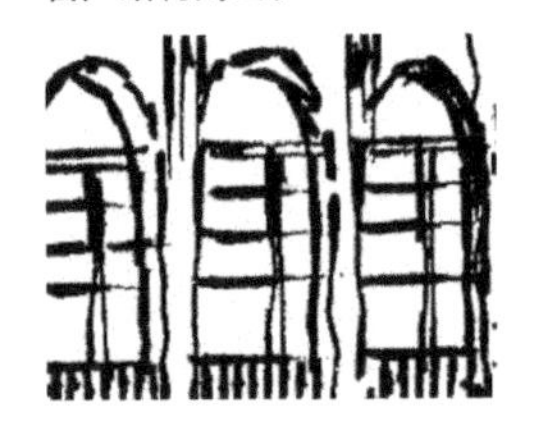

竖向排线表现围栏。

（6）画出水面倒影，深化光影关系和明暗对比。

门洞及建筑内部阴影画法：用渐变的排线方式表现阴影的细微变化，避免整齐排线的呆板效果。

暗部渐变式排线方法。

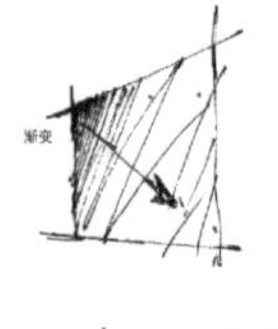

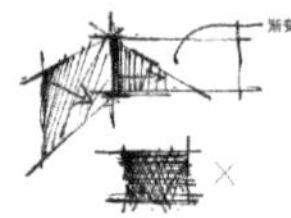

建筑在水面倒影的画法：建筑边缘线在水中用抖线表现，用横向排线表现倒影暗部。

7.2 公园景观的表现

7.2.1 滨水公园景观的表现

（1）用铅笔画出滨水木栈桥的主要透视线，再确定植物配景的位置及范围。

地平线定在画面中央靠下的位置，景观不规则的透视中，要保证所有线条的消失点趋向于地平线。

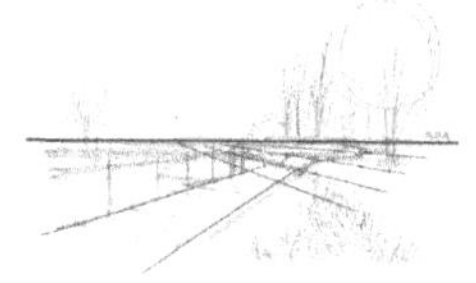

（2）采用由前往后的顺序绘制墨线稿，先画出前景右侧的植物配景。

乔木的造型千变万化，只要掌握了基本的绘制技巧和方法就可以绘制出形态各异的乔木。

水草画法：运笔由下往上，快速扫笔，画出“首实尾虚”的效果。

（3）画出木栈桥的结构，注意细节处的结构穿插。

护栏转折处的结构和透视要把握准确。

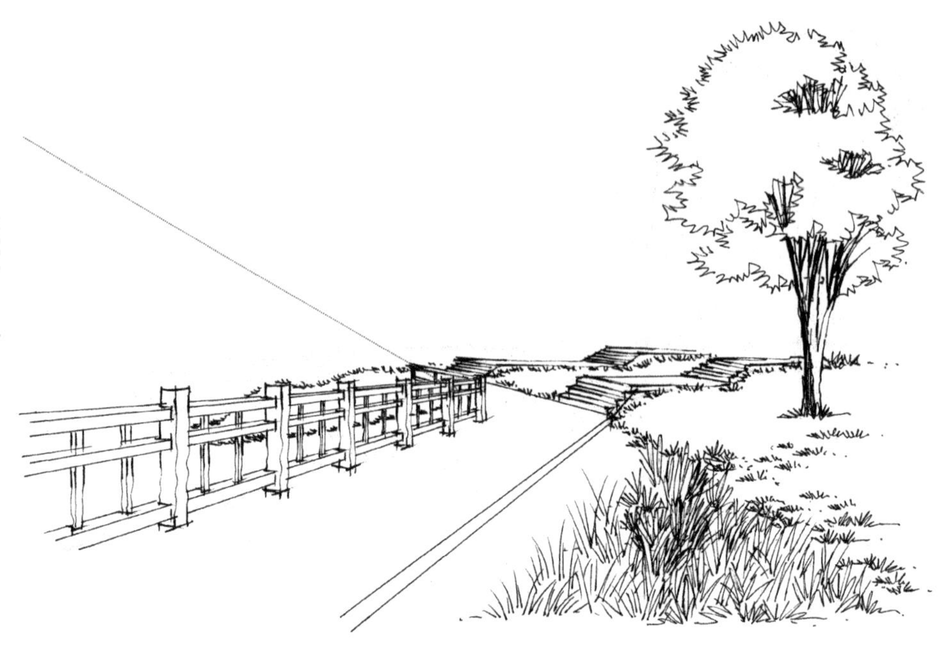

（4）画出远景植物配景。

在表现远景植物的时候，要时刻谨记透视关系，注意画面的空间感和延伸感。

（5）画出水面倒影，深化光影关系和明暗对比，注意光源方向的统一。

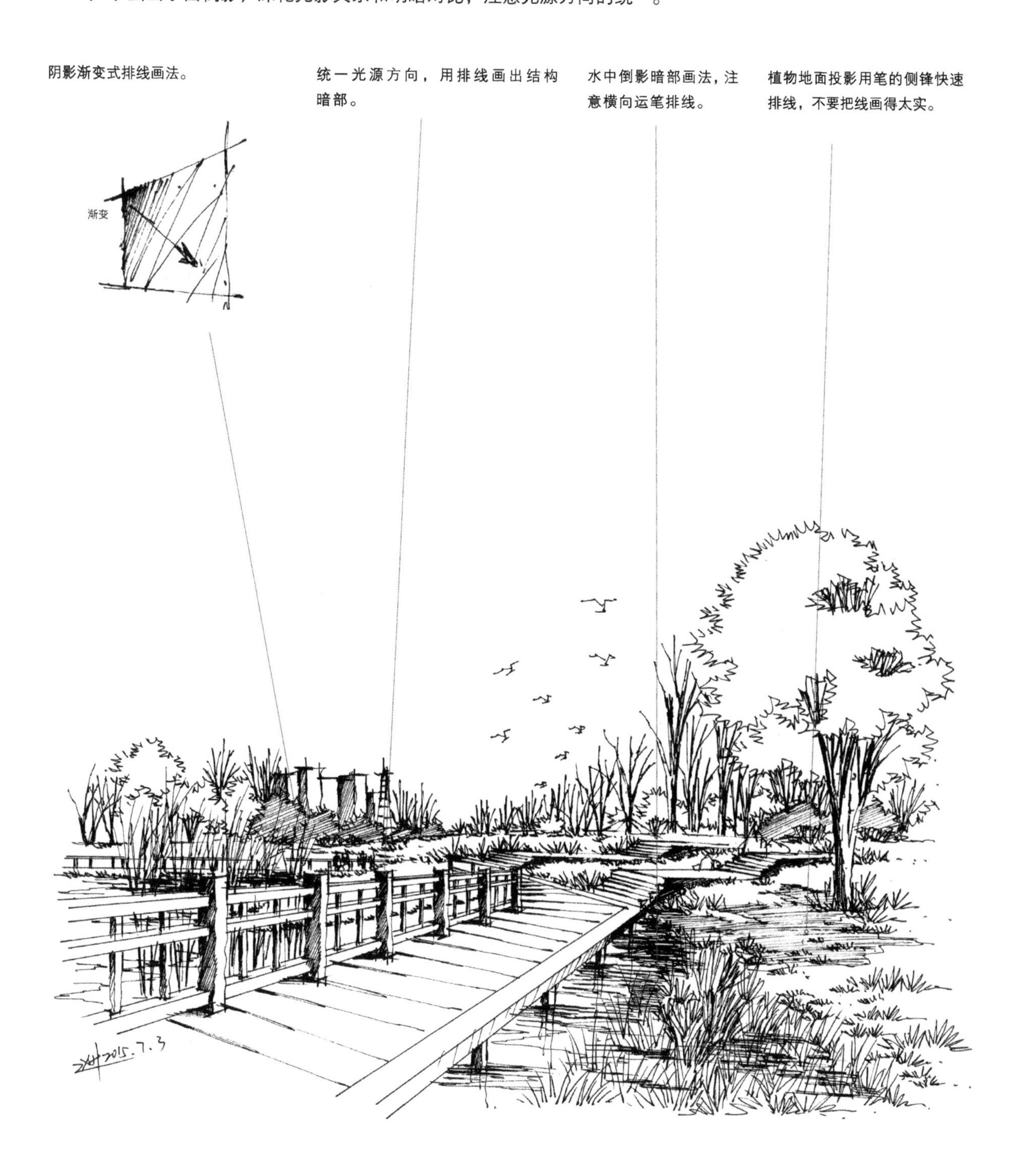

7.2.2 森林公园景观的表现

（1）确定透视关系，再用铅笔起稿，画出树丛间景观桥的主要透视线，以及植物配景的位置及范围。

透视分析示意图。
在确定位置和范围时，可以通过线条的轻重变化表现出画面的主次关系。

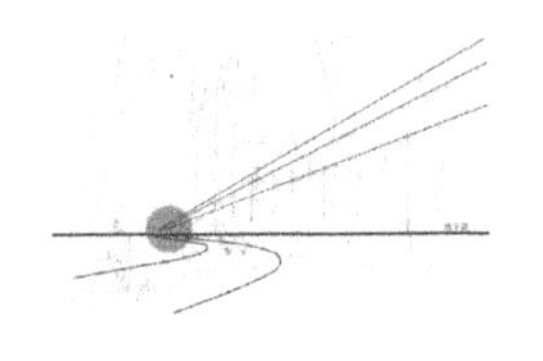

（2）根据铅笔稿绘制墨线稿，绘制顺序由前往后，画出前景植物配景。

前景枯枝画法：注意光源方向的统一，树枝笔触要有停顿感，画出植物生长的动态感。

微地形草地的画法。

前景的花草植物应该刻画得相对细致一些。

（3）画出中景植物配景及微地形草丘。

人物在画面中起到活跃氛围和比例参考的作用。

沿阶草画法：注意草的叶片与路沿的遮挡层次关系。

（4）画出景观桥的主要结构。

桥上远景人物不必刻画细节，但要注意人物的比例关系。先画完桥的主体造型结构，再在画面适当的位置添加人物配景。

景观桥底部结构细节。

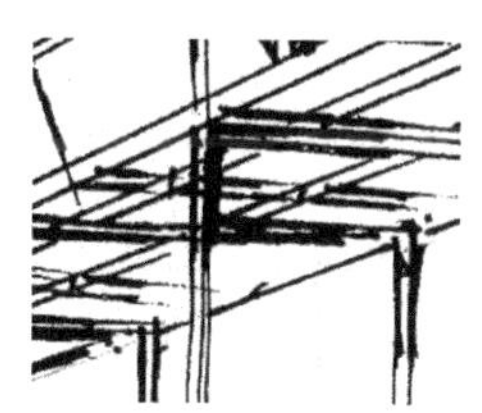

（5）深化景观桥的围栏细节，然后画出远景植物配景。

景观桥围栏的线条排列比较紧密又有明确的透视线条，不易徒手表现，可借助直尺。

远景植物配景的表现主要是为了丰富画面，不需要细致刻画。

（6）画出地面投影、树干暗部等细节，然后深化光影关系和明暗对比，注意光源方向的统一。

在表现树干阴影时，可以将树干概括为圆柱形，但要注意灵活变化。

用排线的方式表现地面投影，注意投影的深浅变化和表现规律。从整体出发，避免影响画面的整体效果。

7.2.3 儿童活动空间景观的表现

（1）用铅笔画出主要儿童游乐设施的轮廓，然后画出地面铺装造型的主要轮廓线。

本案例曲线造型较多，注意地面曲线透视消失点趋向于地平线。

（2）绘制墨线稿，先画出前景植物配景。

沿阶草刻画。

注意树池中花草的明暗变化。

（3）画出植物配景枝干部分，然后绘制儿童游乐设施的主要结构线，接着画出人物配景，明确公寓景观的性质。

在刻画人物配景时注意人物头部在同一条水平线上，儿童头部略低，体现身高差异。

弧线用断点续接的方法表现。

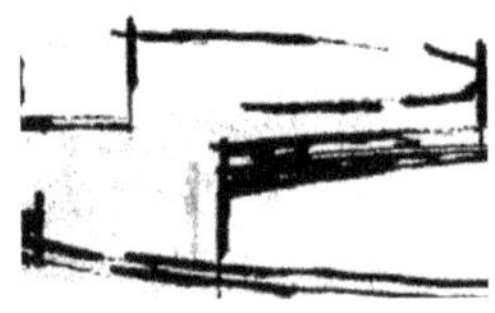

（4）深化儿童游乐设施结构细节，然后画出地面造型铺装，接着画出远景植物配景。

儿童游乐设施结构细节表现，注意植物与设施的前后遮挡关系。

（5）完善画面，丰富植物细节。

注意前景植物树冠和远景植物树冠的表现技巧。

前景植物树冠画法

远景植物树冠画法

（6）画出地面投影和树干暗部等细节，然后深化光影关系，完成绘制。

刻画儿童游乐设施时，注意前后边缘的明暗对比变化。

地面投影排线画法。

7.3 公共空间景观的表现

7.3.1 居住区景观的表现

（1）以小区欧式景观为例，铅笔起稿，画出景观布局的主要位置、透视结构线、植物配景位置等，注意地平线压低。

透视分析示意图。

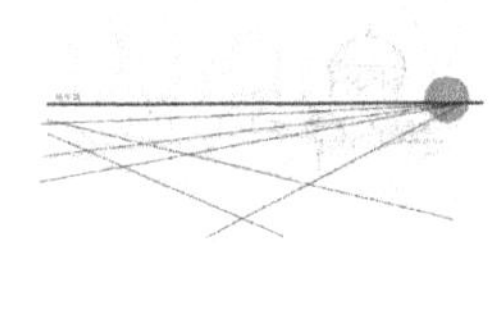

（2）以由前往后的顺序绘制墨线稿，先画出前景植物配景、花坛及花钵。

表现棕榈类植物时运笔要快，采用快速连笔的笔触使植物叶片更生动，不死板。

（3）画出中景植物配景及远处花钵，注意花钵的透视关系。

中景植物配景适当地表现即可，无须刻画过多的细节，体现出画面的层次。

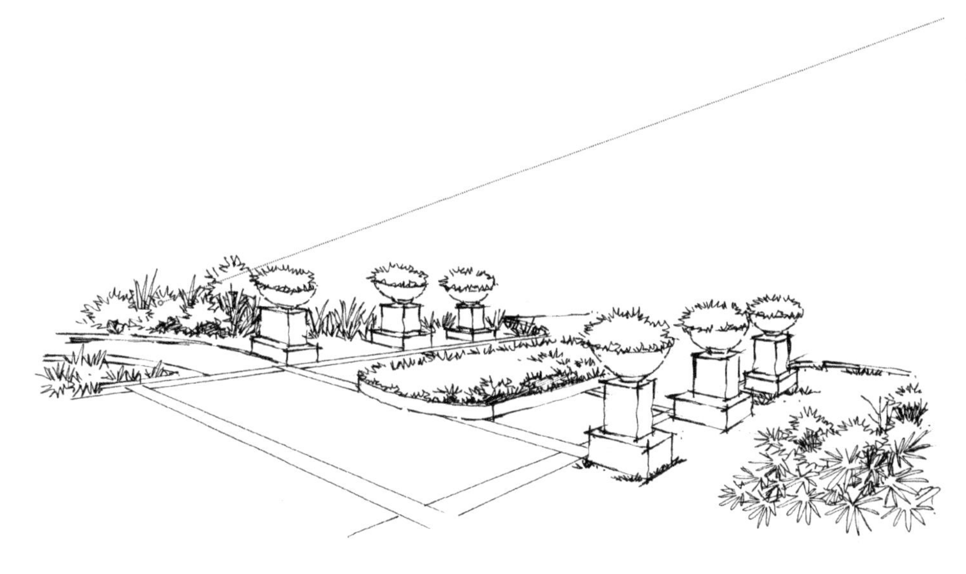

（4）画出欧式景亭及远处景观小品的主要结构线。

欧式景亭顶部曲线用断点续接的方法表现。

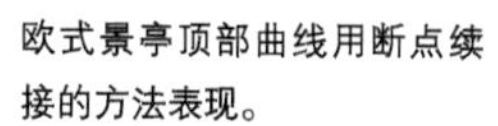

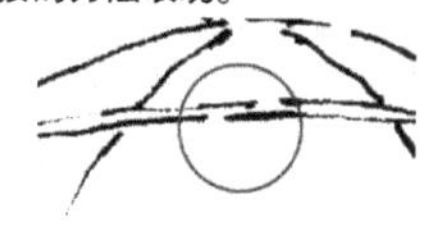

亭子结构的前后关系要交代清楚。

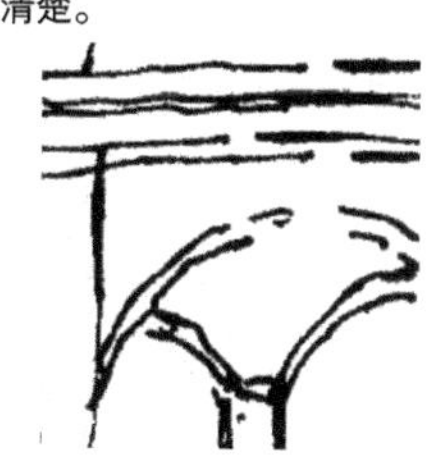

（5）完善画面，画出远景植物配景。

在表现乔木树干的时候可以采用由下往上的方式运笔，显得树干苍劲有力。

（6）画出地面铺装细节及投影，然后表现出亭子光影变化。

表现单体之间的明暗对比时注意留白的运用。

欧式花钵暗部阴影绘制注意渐变过渡。

7.3.2 城市步行道景观的表现

（1）用铅笔起稿，画出主要城市步行道的轮廓，不规则透视中，灭点趋向于地平线。

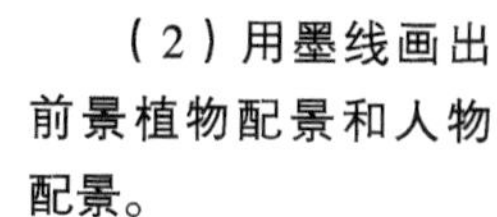

（2）用墨线画出前景植物配景和人物配景。

（3）画出画面左侧的植物及景观座椅。

注意景观座椅及花坛内植物的细节刻画。

（4）画出前景植物，用排线表现出简单的明暗关系，注意光源方向的统一。

（5）画出远景植物，注意比例关系，要体现出画面的景深感。

（6）画出地面投影，远景楼层概括表现，注意深化光影关系、明暗对比及光源方向的统一。

注意地面投影的斑驳感表现，把握好整体的透视关系。

前景人物衣服上的投影应该符合整体的透视效果。

7.4 别墅景观的表现

7.4.1 现代别墅庭院景观的表现

（1）铅笔起稿，画出庭院休闲座椅和遮阳伞的主要透视线。

透视分析示意图。

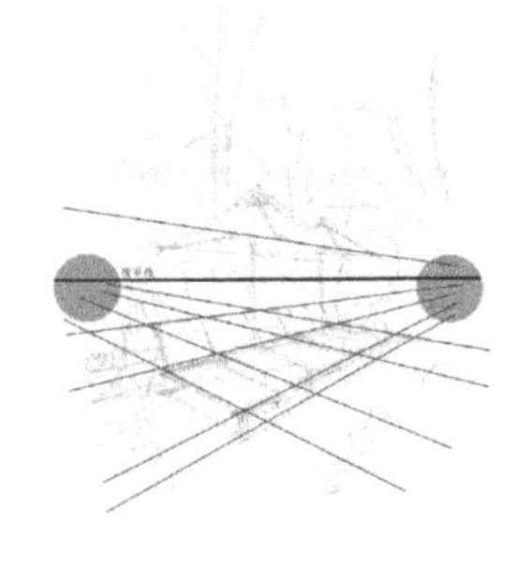

（2）根据铅笔线稿，用墨线画出前景植物和草地。

注意草地边缘与路沿的遮挡关系。

（3）画出遮阳伞及休闲座椅的主要轮廓线。

遮阳伞的厚度不可忽略，注意线条的粗细变化。

对休闲座椅的透视关系把握是表现时的难点和重点。

（4）画出遮阳伞后面的芭蕉配景及护栏。

（5）画出椰子树。

表现棕榈类植物时采用快速连笔的笔触使植物叶片更生动，不死板。

多角度叶片画法。

（6）画出地面木材质铺装和座椅细节结构，然后绘制植物在地面上的投影，接着加深阴影关系，注意迎光面的留白，加强明暗对比。

注意遮阳伞明暗面的质感对比，掌握其表现方法。

休闲座椅及地面投影细节。

7.4.2 山地别墅景观的表现

(1)用铅笔起稿画出建筑的主要轮廓线。

透视分析示意图。

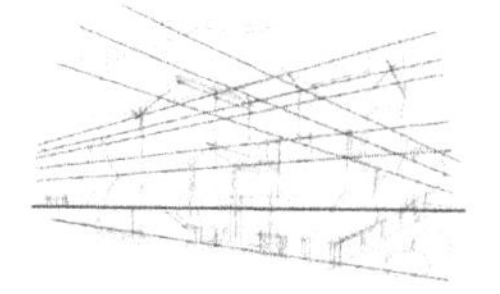

注意小块面的透视关系，切勿影响整体。

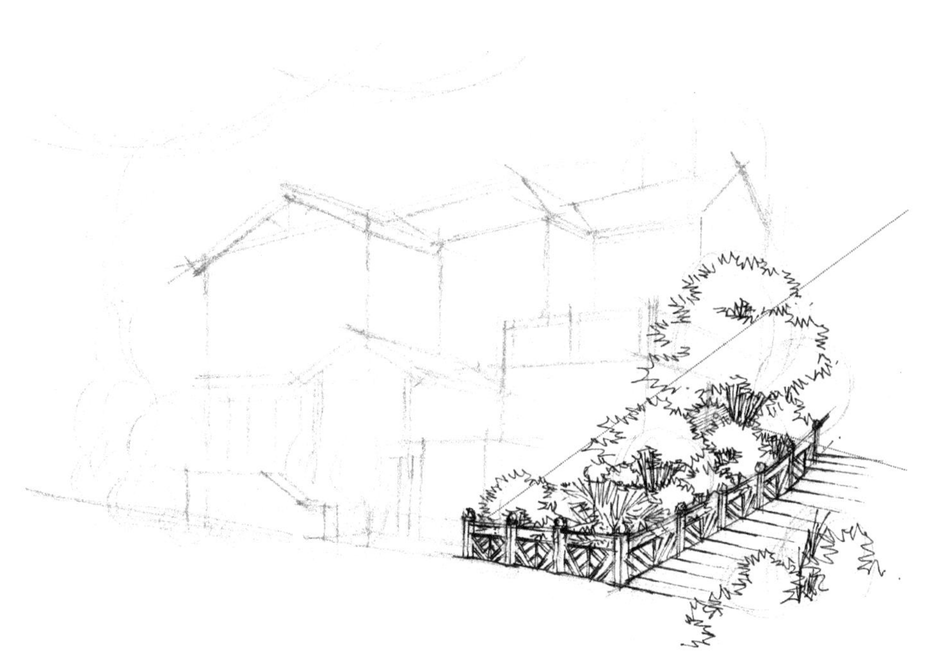

(2)绘制墨线稿，画出前景地形台阶、护栏及植物配景。

栅栏看似很复杂，其实是有规律的，表现时应该找准透视。

植物前后关系表达，可适当给后面的植物刻画阴影线，以区分前后位置。

（3）画出建筑主要轮廓线及周边植物配景。

在表现一些小细节和局部结构的时候，心中应该牢记透视线和灭点的消失方向。

灌木在画面中所在的位置和比例大小应该整体考虑，适当地删减或增加。

（4）绘制建筑墙面砖和屋顶材质。

表现建筑屋顶材质时注意线条的排列。

实际中的砖块整齐交错排列，在手绘表现中大可不必纠结于细节，用自然变化的线条画出横向线条，用交错短线画出竖向线条表现砖块即可。

（5）画出前景树、远景树及地面铺装。

在本案例中，乔木主要起衬托作用，表现时注意层次关系即可。

前景的地面铺装线能够强烈地体现出透视效果，线条应干净整洁，可以借助直尺进行表现。

（6）绘制植物在地面的投影，然后加深阴影关系，注意迎光面的留白，加强明暗对比。

材质属性和反射的强弱对阴影有很重要的影响。

屋顶阴影画法

地面阴影画法

7.4.3 临湖别墅景观的表现

（1）用铅笔起稿，画出建筑主要轮廓线。注意将地平线压低，保证建筑画面的稳重感。

透视分析示意图。

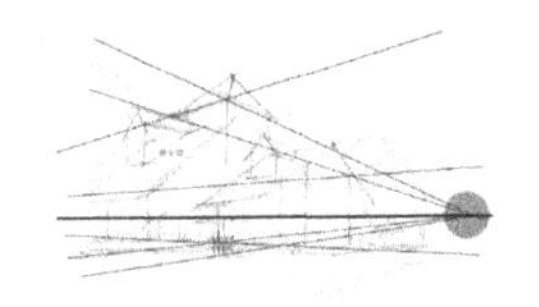

（2）绘制墨线稿，先画出位于前景的水生植物及岸边小景。

（3）画出建筑的主要轮廓线，可以借助直尺进行绘制。

（4）深入刻画建筑结构细节。

（5）绘制建筑屋顶材质，加强明暗面对比。

阴影画法：用渐变的线条快速排线表现暗面。不同平面转角处的排线，注意通过明暗对比加以区分，切忌阴影部位交错排线，避免画面不透气。

（6）画出远景植物、水面倒影，然后加深阴影暗部，加强对比度。

局部绘制阴影线以表现植物的前后关系。

岸边与水面相接处阴影加重。

7.5 商业景观的表现

7.5.1 度假酒店景观的表现

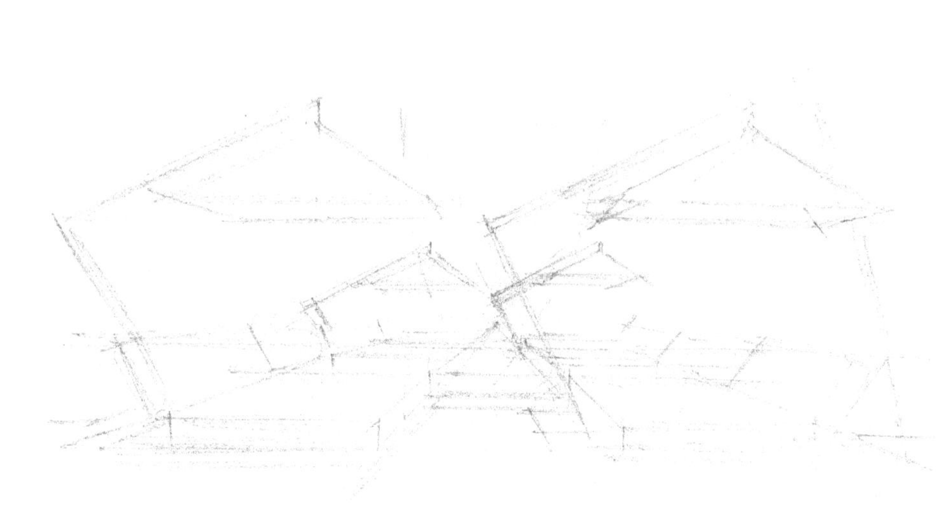

（1）铅笔起稿，画出主要景观设施的位置及透视关系，不必刻画细节。视平线定在画面1/2偏下的位置，切忌放在画面正中央，避免画面呆板。

透视分析示意图。

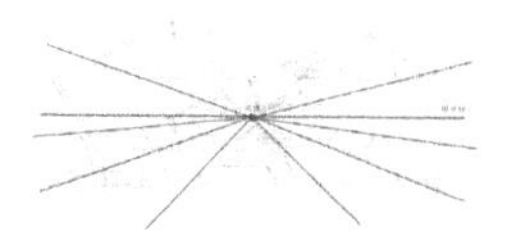

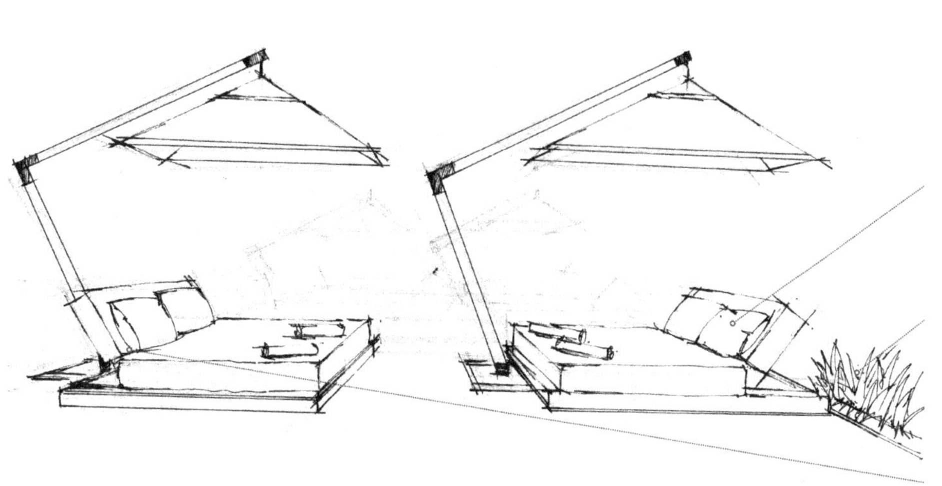

（2）绘制墨线稿，先画出室外的休闲沙发、前景植物配景以及沙发后面的遮阳伞。绘制顺序由前往后，保证画面的前后遮挡关系。

表现室外休闲沙发抱枕时，注意弧线的搭配应用。

前景沿阶植物刻画，注意叶片的前后穿插遮挡关系。

弧线画法：注意起笔与收笔线条的轻重变化。

（3）刻画地面树池内的草本植物以及配景棕榈类植物。

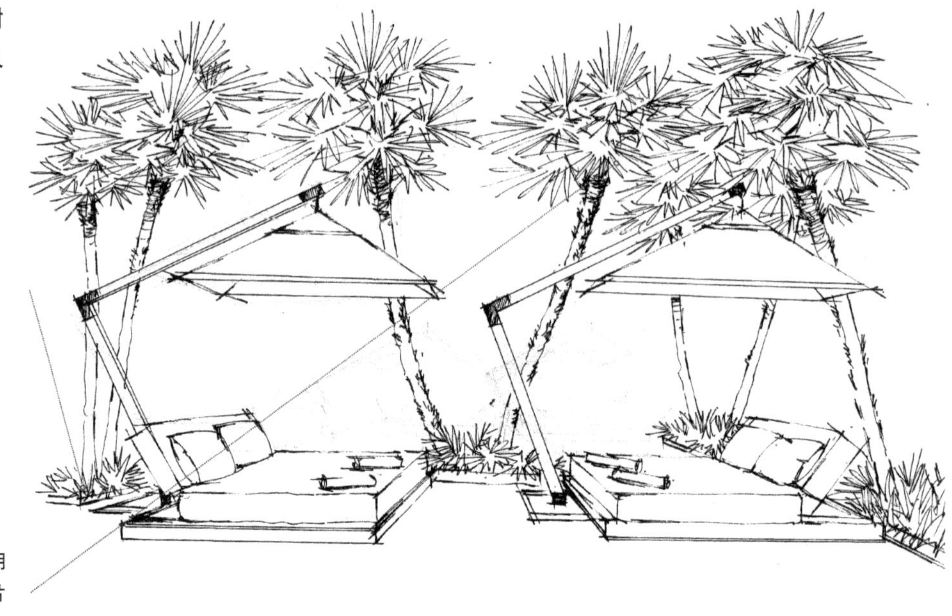

注意树池内草本植物与树池台阶的遮挡关系，避免画面呆板。

绘制棕榈类植物时，要运用快速连笔的笔触使植物叶片更生动，不死板。

（4）画出后面远景的遮阳伞，然后完善植物配景部分。

（5）完善远景植物配景，画出远处海平面以及前方硬质铺装。

远景海平面用直线水平方向排线表现。

前景铺装画法：用尺子辅助快速扫笔画出铺装线条，适当留白，使画面生动，不呆板。

（6）进一步刻画阴影与地面投影，使画面层次更丰富，加强空间明暗质感对比。注意画面的留白，加强明暗转角处的阴影。

植物树干阴影方向要统一，画面光源要统一。

遮阳伞暗部阴影及遮阳伞表面植物投影在用排线表现时要有渐变，注意区分不同平面的转角关系。

7.5.2 滨水休闲景观的表现

（1）用铅笔起形，确定画面的透视和构图。

通常，表现画面时是不会把灭点清晰地标在画面中的，灭点往往是在画面之外，那么画的时候就要找空间里面平行关系的线条来参考，因为平行线有相同的灭点。注意两个灭点所在的视平线一定是一条水平线。

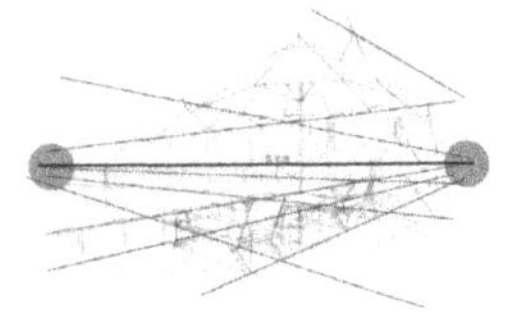

（2）绘制墨线稿，注意前后的遮挡关系，绘图顺序由前往后，先画出前方的前景植物。

棕榈类植物画法。

（3）由前往后画出座椅。注意座椅与桌子的遮挡关系。

先画前面的椅子，再画桌子，最后画出后面的椅子。

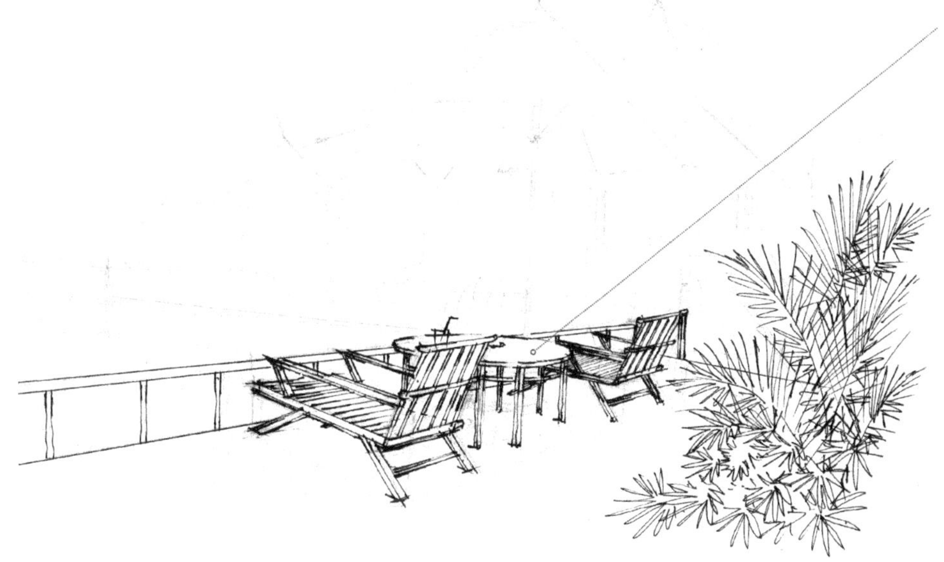

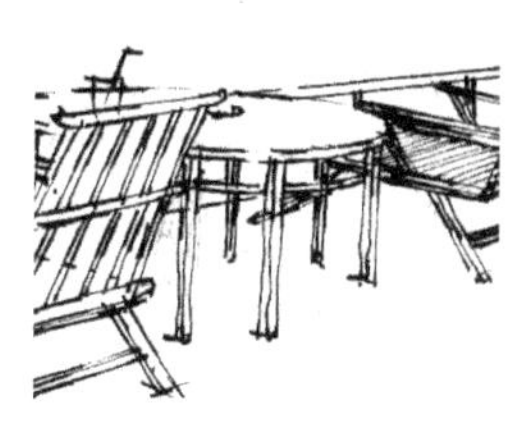

（4）画出阳伞以及远处木栈桥。

（5）画出远景建筑及细节。

建筑结构的转角关系，通过线条的疏密、明暗区分。

为了构图的完整性，远景植物概括画出即可。

本案例中的线条较多，注意线条的节奏和韵律感。

（6）画出地面材质，然后表现画面的光影效果。

地面投影方向一定要统一。

注意桌腿暗部阴影也要与整体光源方向统一。

第 8 章

景观设计师进阶线稿

8.1 设计师的话

手绘能很好地将人的情感、思维和审美快速地表现出来，手绘技能是一个优秀设计师必须具备的。景观手绘是一门艺术与技术相结合的功课，它不仅考验景观设计师的专业素养与对事物的审美力、观察力、判断力、造型能力，还需要景观设计师了解植物配置、平面设计、施工工艺等方面知识，具备较强的表现能力，以及超前的思想、理念和意识等。

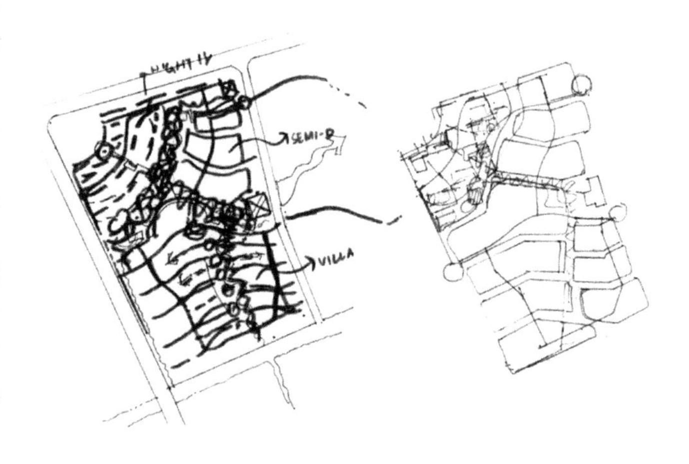

以设计院在职设计师为例，手绘可以说是经常用到的一种工作方式。在方案确定的初期，需要用铅笔在资料图纸上勾勒出简单的平面草图，这是最快捷的思维表达方式，同时也便于讨论和修改，在与同事们共同商讨出较为完善的方案后，再细化手绘的平面设计图。这种工作模式可以让设计过程更加便捷有效。

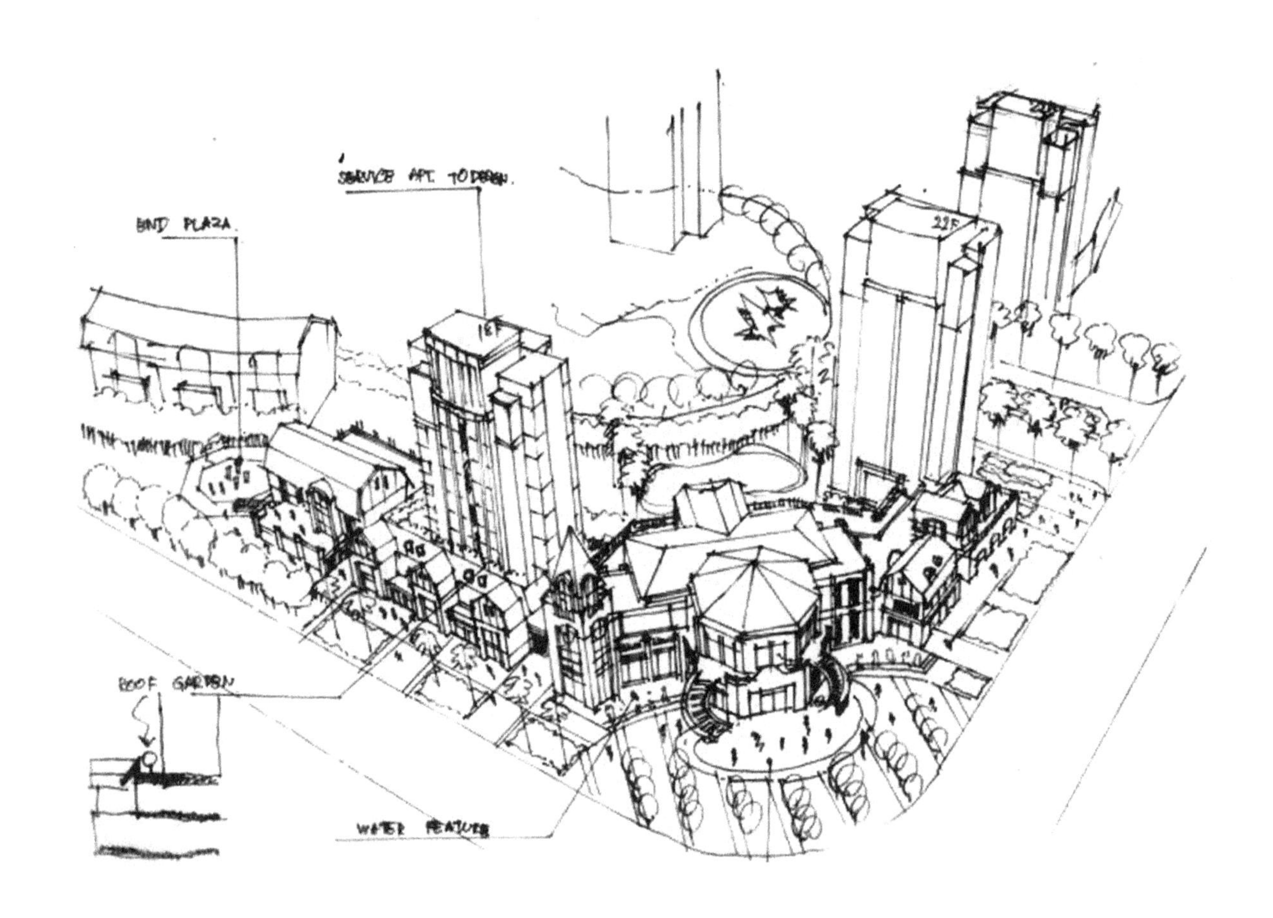

8.2 灵感与草图

在电脑软件普及的今天，一些人和单位将能否熟练操作设计软件成为衡量一个设计师设计能力强弱的标准之一，而忽视了手绘基本功的重要性。事实上，手绘可以更加快速、生动、细腻、随心地表现设计师的创意与灵感，这些优点是电脑软件所无法比拟的。

设计之初的创意往往是源于设计师一瞬间的灵感，养成手绘草图的习惯，可以为设计提供更多的灵感素材。

景观平面最初的构思草图。

好的设计很多时候来是源于生活的，可以是一件手工艺品，可以是眼前的一个图案符号，可以是一段历史典故，也可以是当地的风土人情，看到并能够快速勾勒下来，这不仅仅是记录的过程，更是积累设计素材的过程，边画边思考的过程，可以激发设计师更多的灵感。

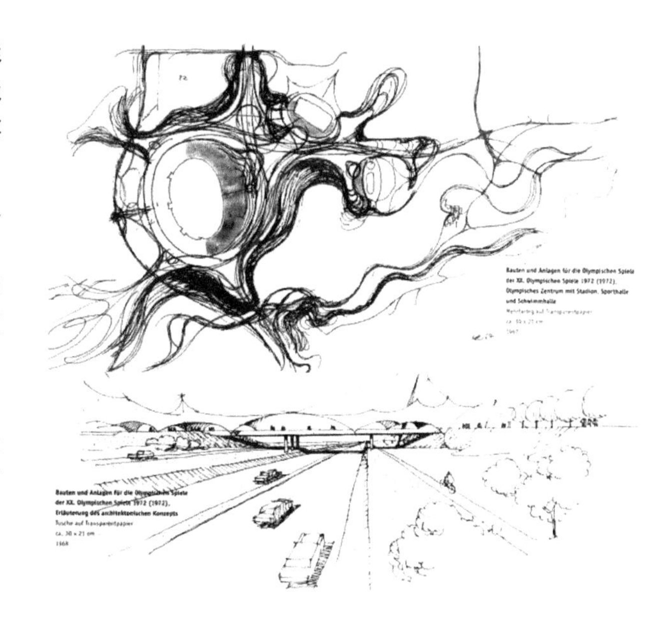

快速勾勒的雕塑，记录本土的文化与历史。

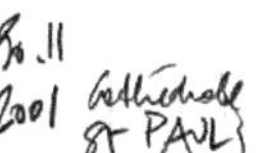

记录一个柱式精细的雕刻样式。

8.2.1 大师草图作品模仿

大师的设计作品在草图阶段往往体现为潇洒、混沌的乱线。在追求快速记录灵感的时候，不需要追求细致的图面效果，不需要逼真的材质效果，不需要精确的尺度与比例，很多草图只有作者自己能看明白，但往往又是设计的灵魂所在，有助于后期的方案深化。

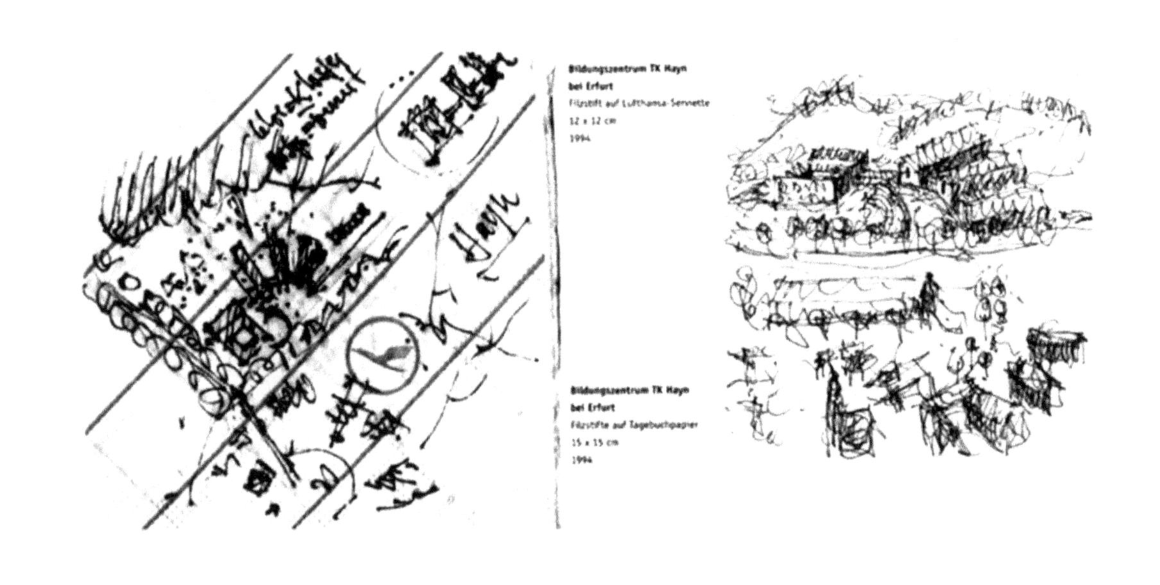

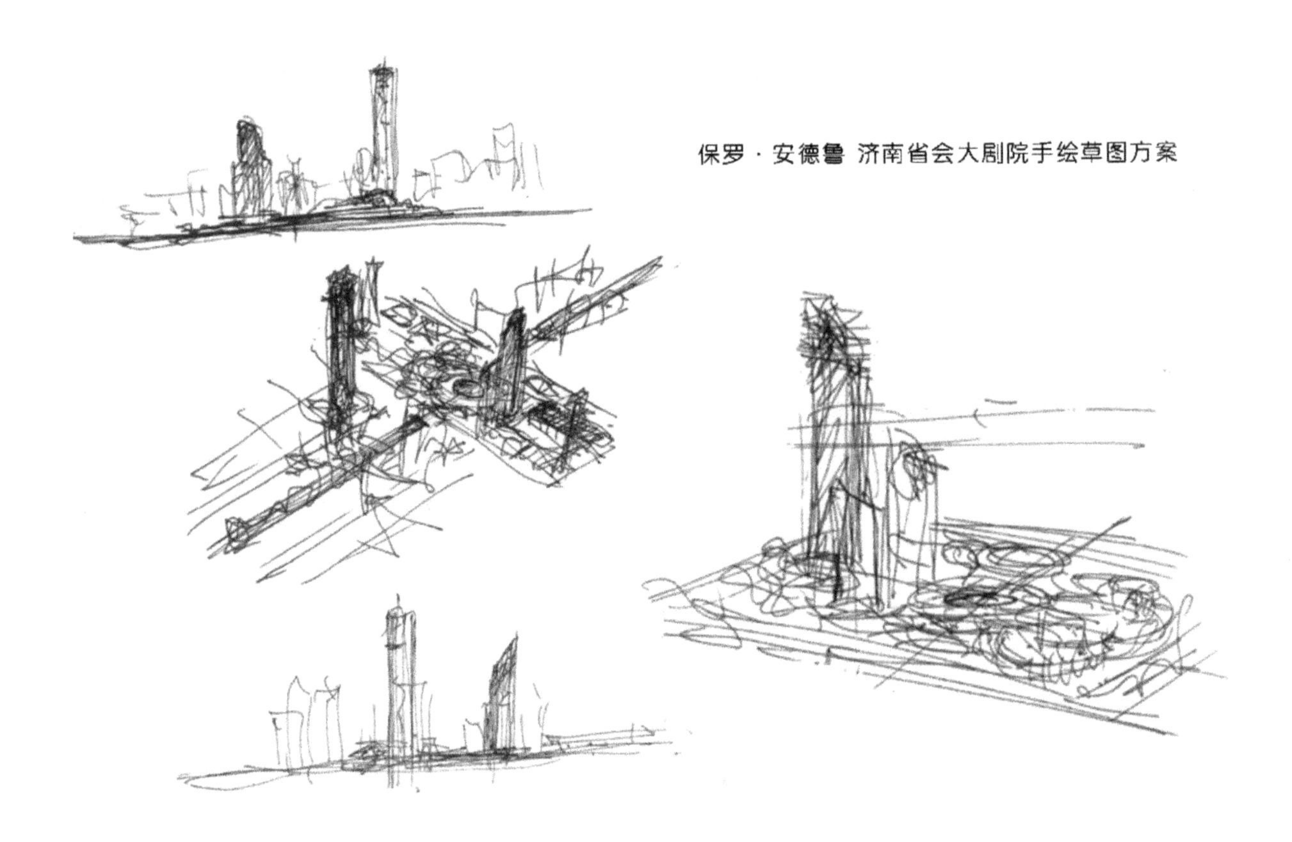

保罗·安德鲁 济南省会大剧院手绘草图方案

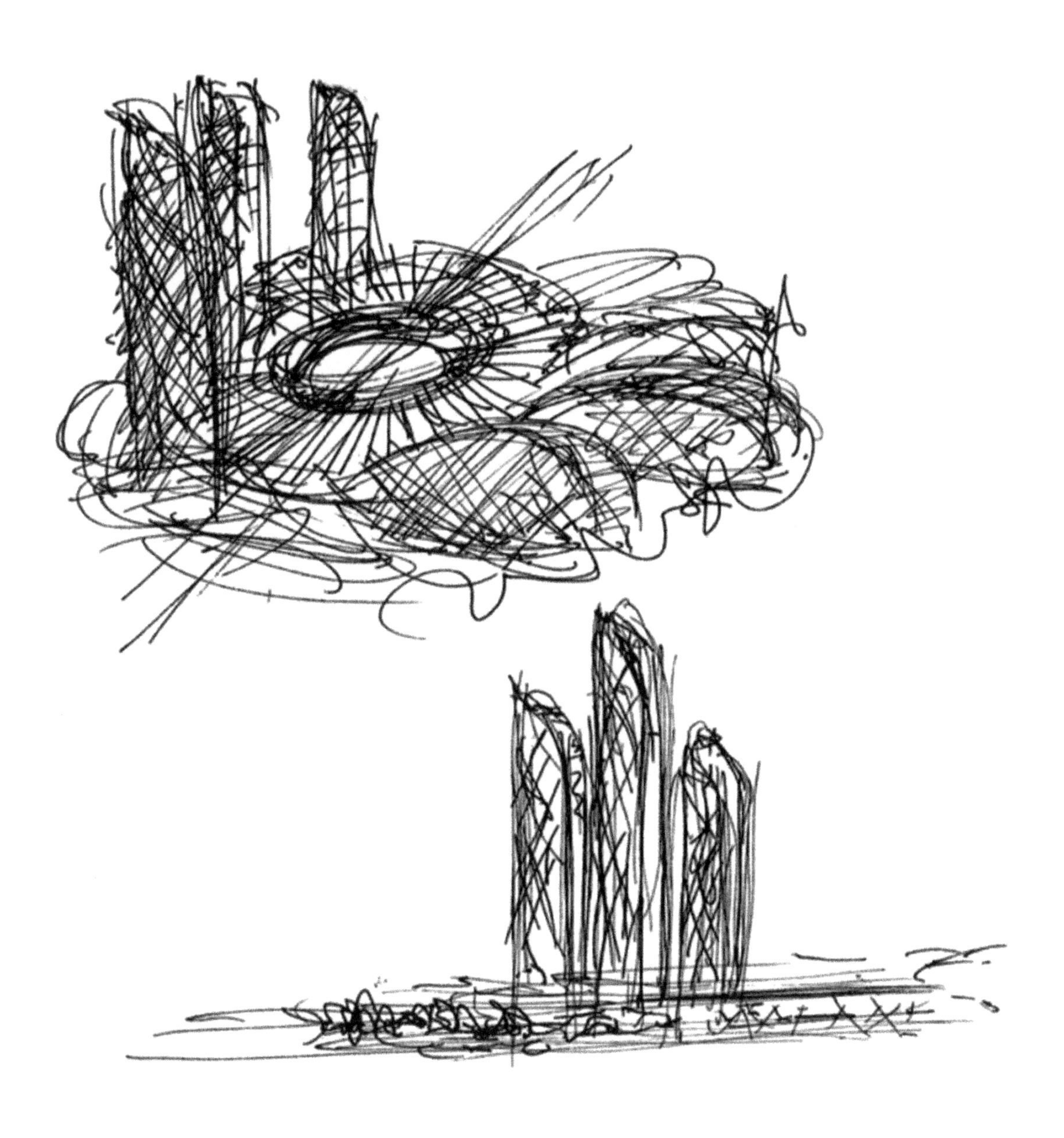

8.2.2 写生类草图练习

写生通常作为景观素材积累的方法之一，要求快速记录景观实景，熟练掌握空间的比例与尺度。可以选择景观场景，也可以选择设计感较强的景观小品、景观设施等作为写生的素材。

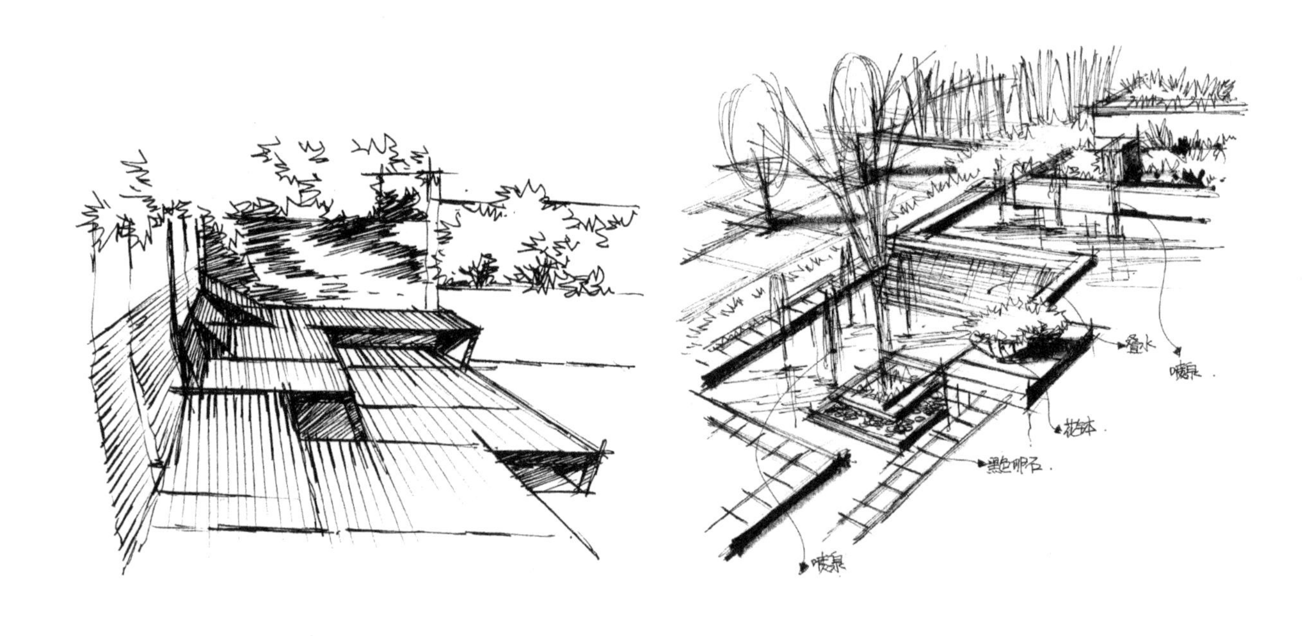

1.方案平面草图

画写生草图时，通常会把节点场景的平面布局简单勾画出来，训练空间感的同时，可以作为设计素材来积累。久而久之，自然可以灵活运用线稿进行景观草图与景观平面方案之间的转换。

2.风景速写草图

风景速写对于设计师进行草图练习有着非常重要的作用。用洒脱利落的线条快速表达出自然风景的空间关系，对练习空间尺度的把握很有帮助。写生时不需要画得面面俱到，要有细节、有省略，往往会使画面效果更为生动。写生练习在锻炼快速概括空间能力的同时，对于提升构图的美感也有着积极的作用。

20150308

3.效果图草图

在初步方案敲定之后，需要绘制局部节点的效果图草图，方便方案的进一步深化。当方案通过效果图展示出来时，节点的布局，细节的设计缺陷往往能展露无遗。此时效果图草图的绘制有利于进一步完善平面方案。

绘制效果图草图时，重要的是掌握透视比例和尺度，此时不需要刻画材质质感及细节。

4.鸟瞰图草图

鸟瞰图草图的绘制是基于景观平面方案基础之上的，旨在表达清晰方案的整体比例、尺度关系以及功能区的划分。不必刻意追求横平竖直的线条，不必刻画每一棵植物、每一个设施的材质细节以及光影质感，但大的尺度关系必须把握好。例如小尺度的广场设计，需要表达清楚方案平面的元素、区块关系；大尺度的公园设计，需要表达的是路网系统、景观轴线的规划等。在勾画鸟瞰草图的过程中，可以根据粗略的效果来审查平面的尺度设计是否合理，以便于修改方案平面。

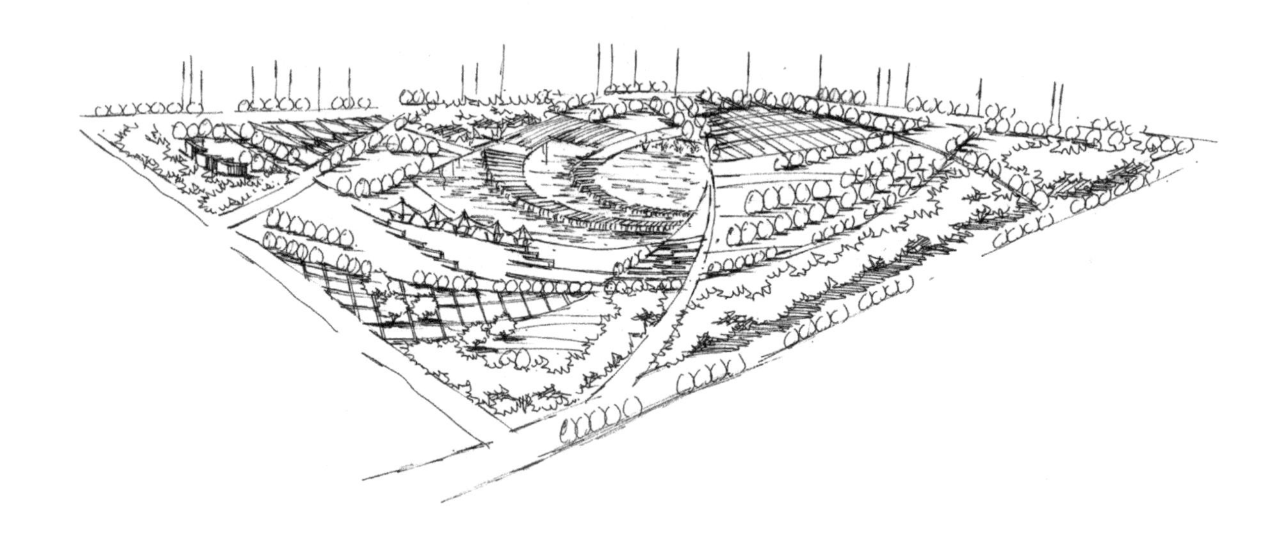

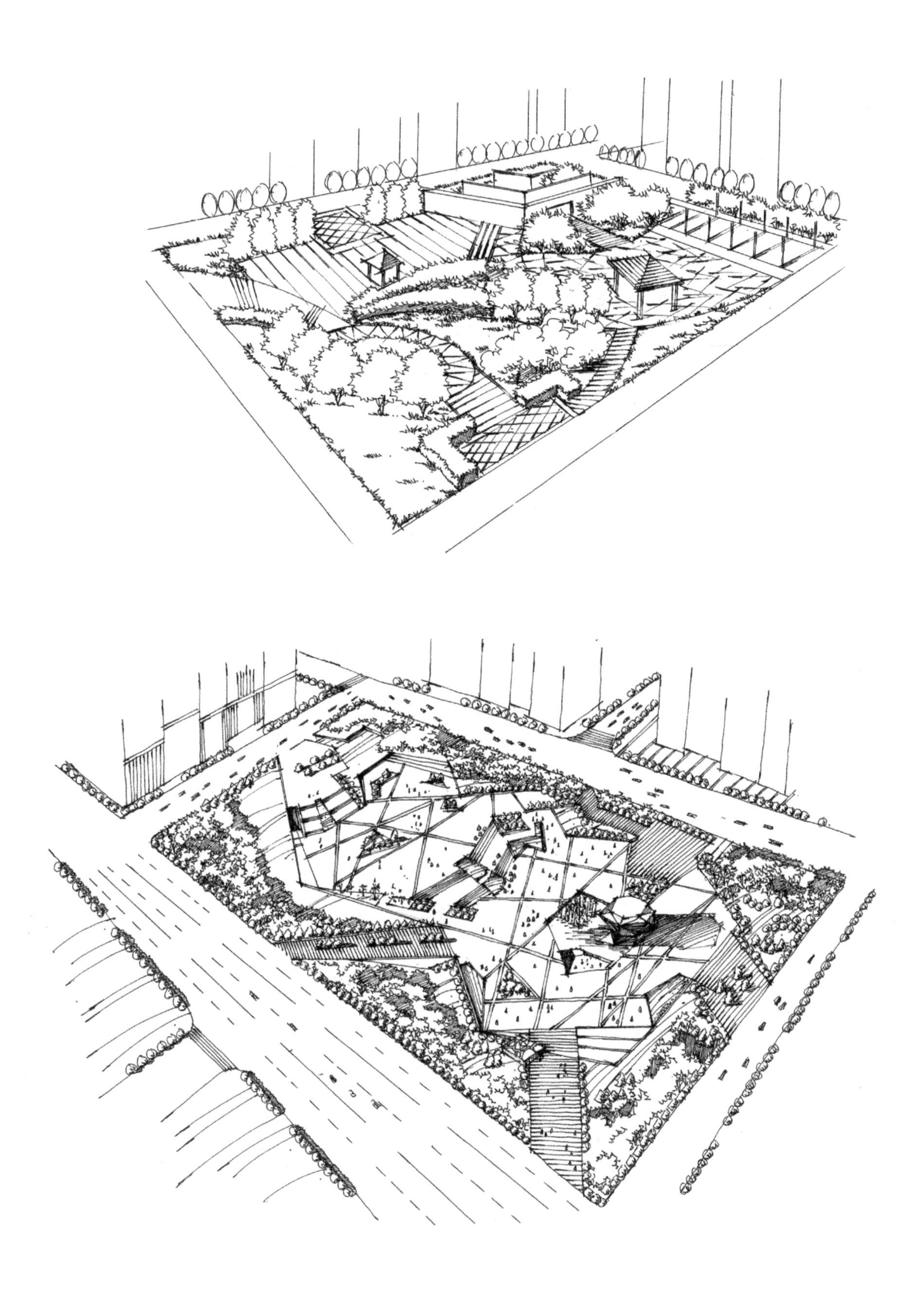

8.2.3 实际方案草图构思

景观方案首先体现在景观总平面设计图中，包括景观道路系统的规划、景观节点位置的设计、景观轴线的确定等方面，具备整体的景观框架。其次利用景观节点的设计，结合局部效果图，竖向设计完善整个设计。

1.景观平面草图

景观平面设计之初只需画出大致的道路系统、景观节点位置及轴线分布，无须刻画内部细节。

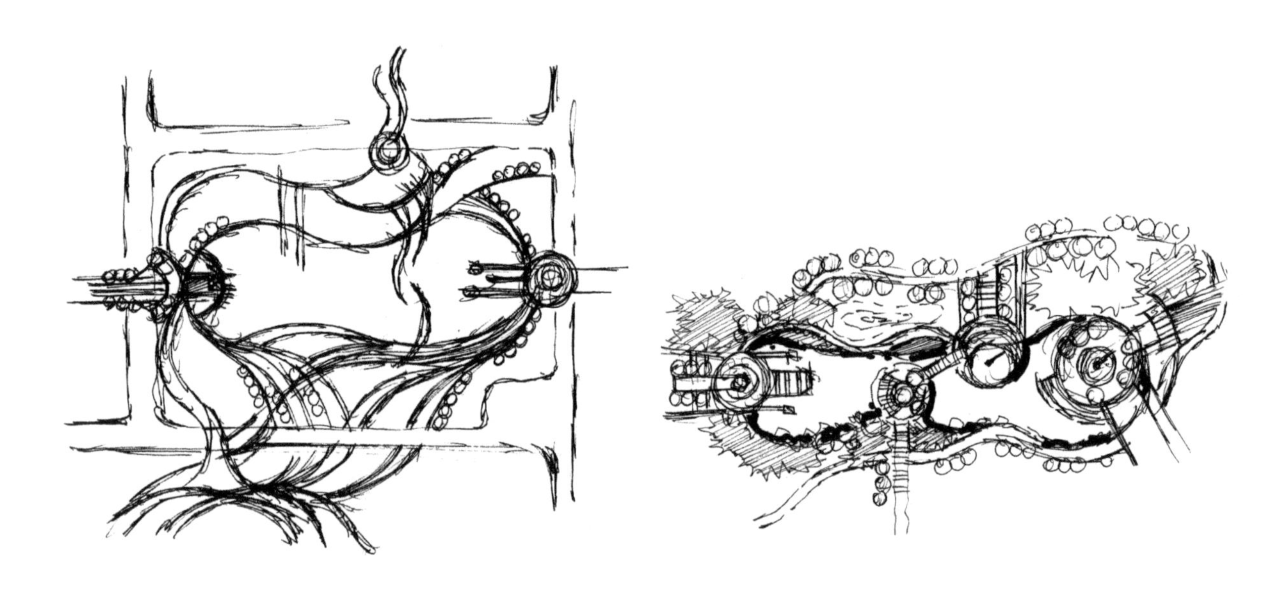

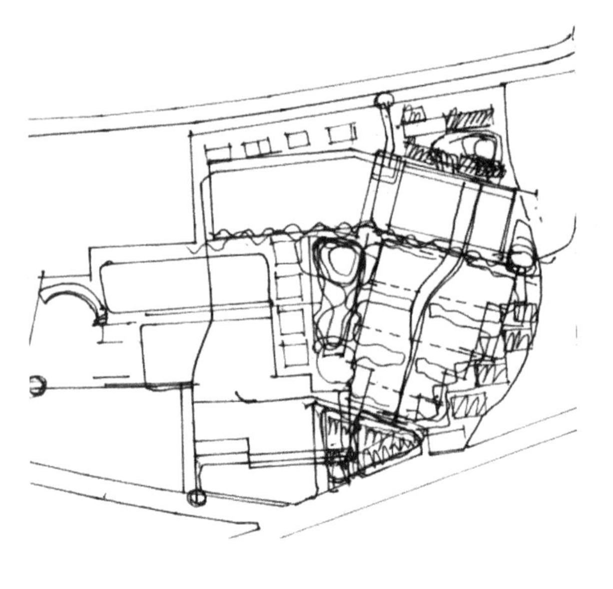

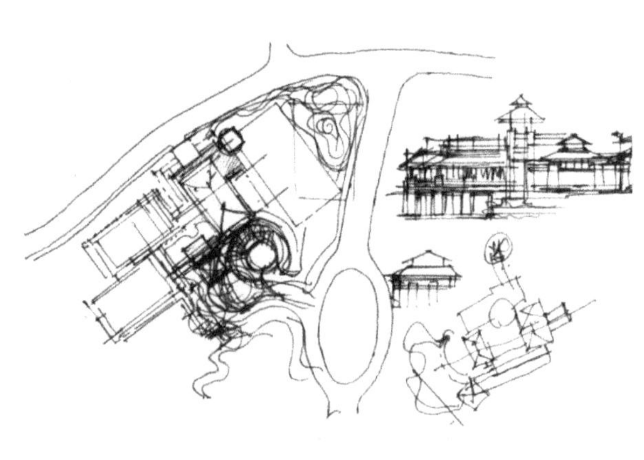

2.景观平面草图深化

初步敲定景观布局规划之后，进一步细化景观节点设计。

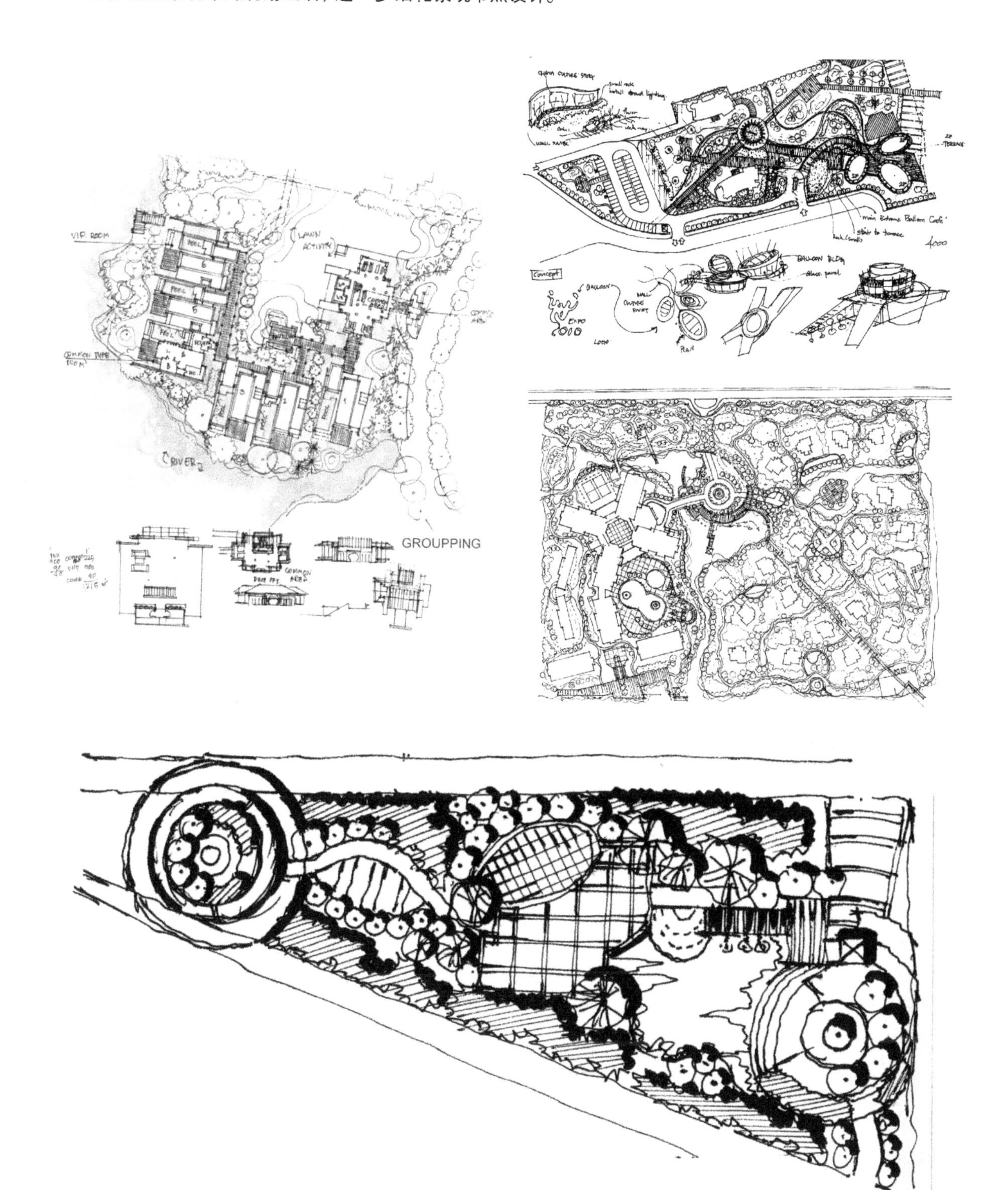

3.景观节点设计草图

总平方案敲定之后，下一步就是节点的逐步设计。在设计之初，如果感觉思维匮乏，可以多参阅一些成功案例。

在画节点设计草图时，可以按以下方法把不同平面构成的节点进行分类。

弧线、直线结合的节点草图

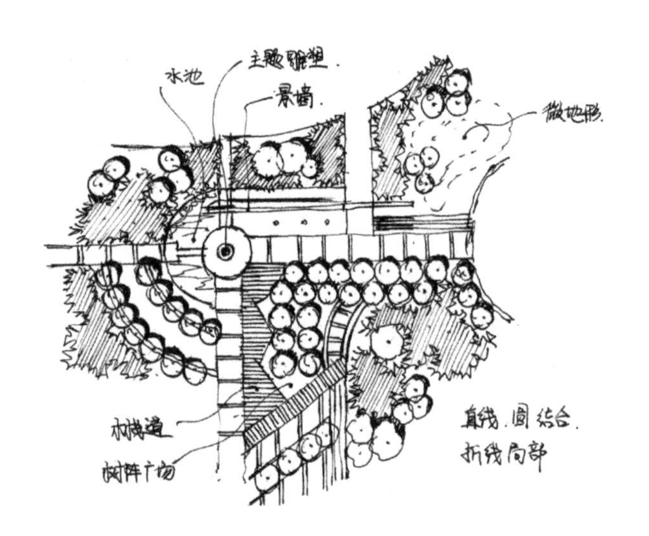

矩形概念节点草图

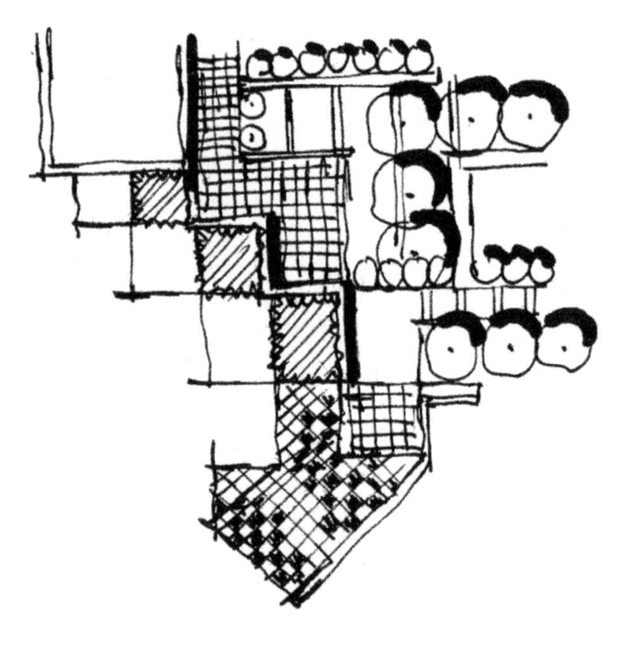

圆、圆弧概念节点草图

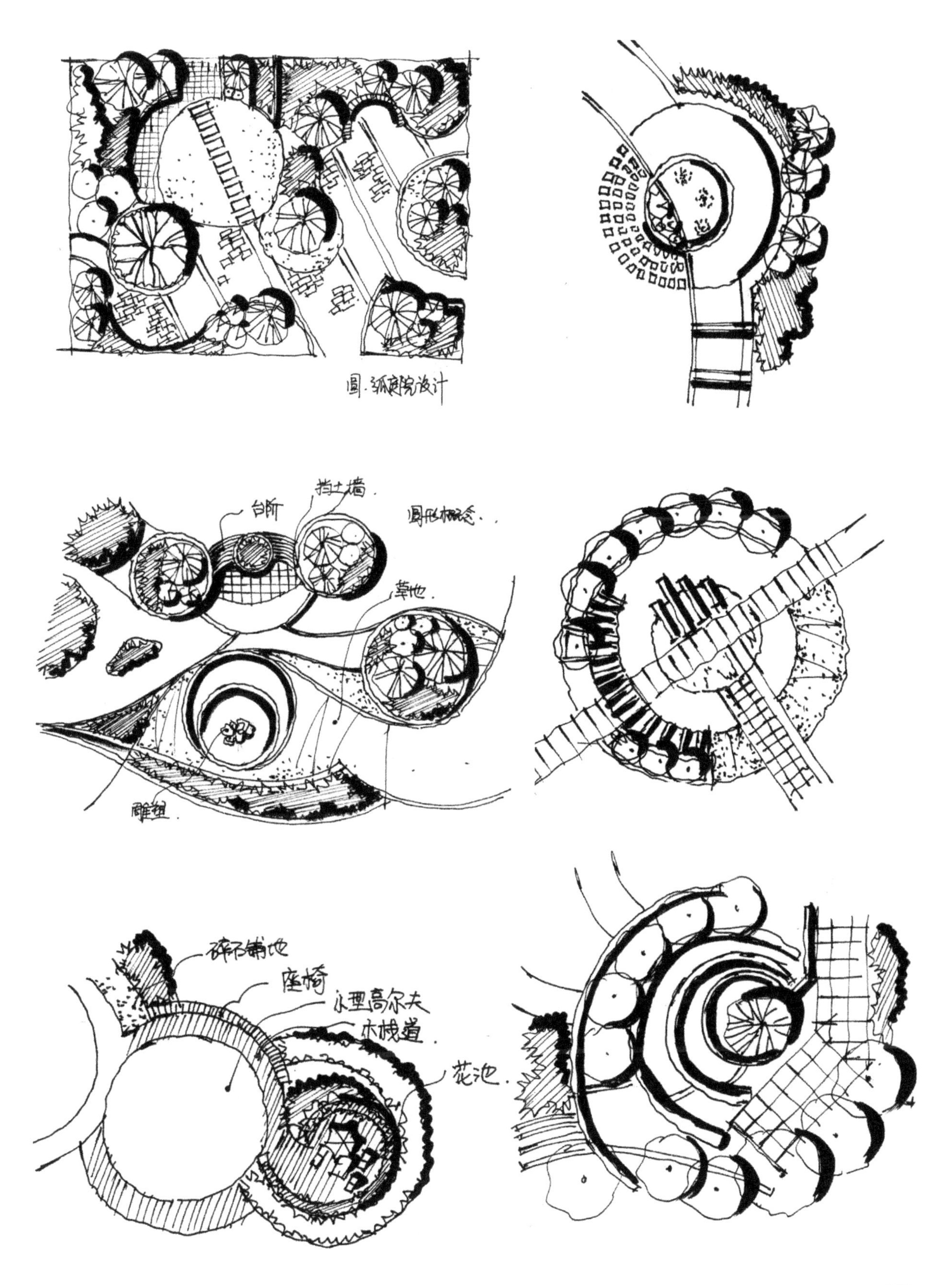

不规则图形概念节点草图

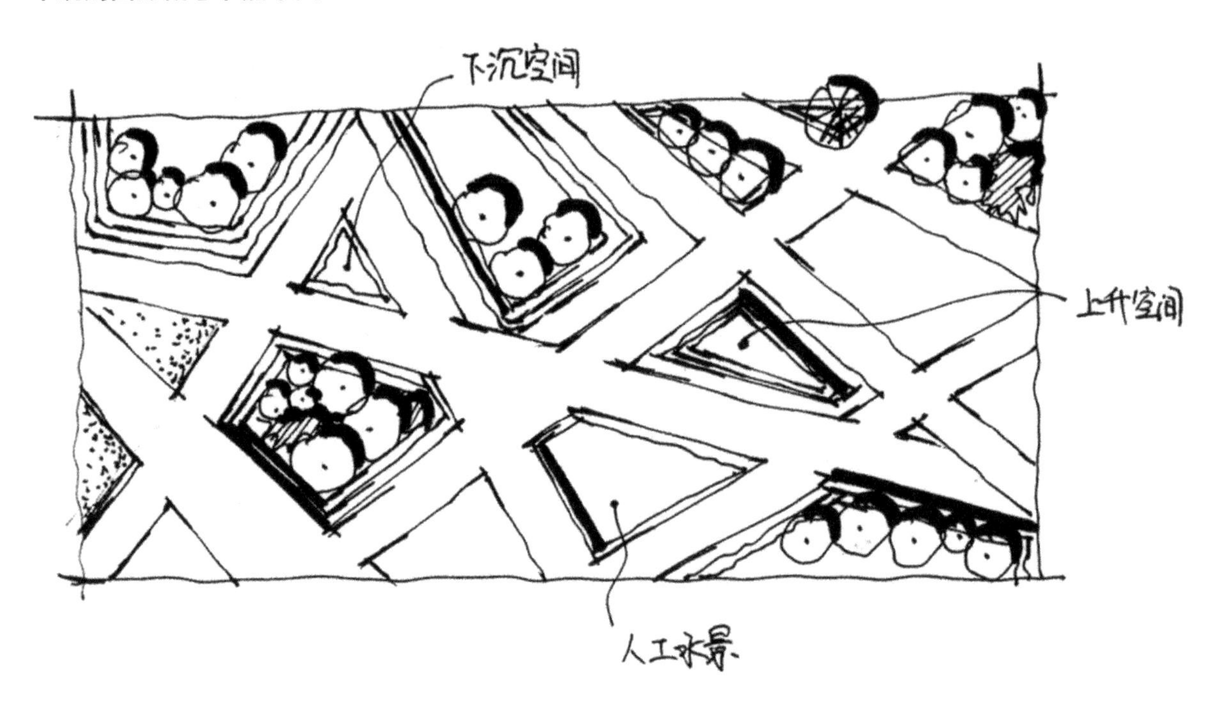

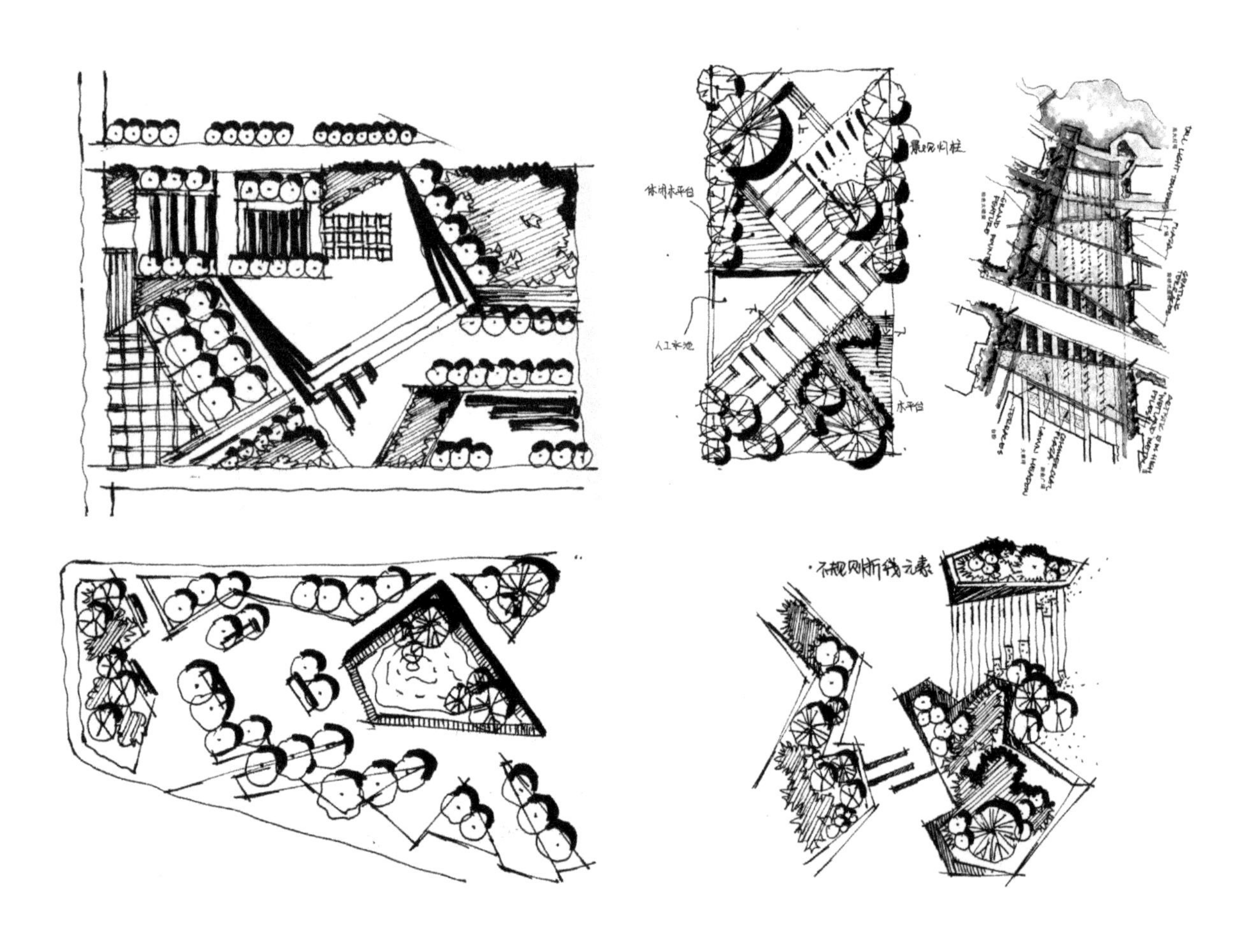

直线、斜线、折线概念节点草图

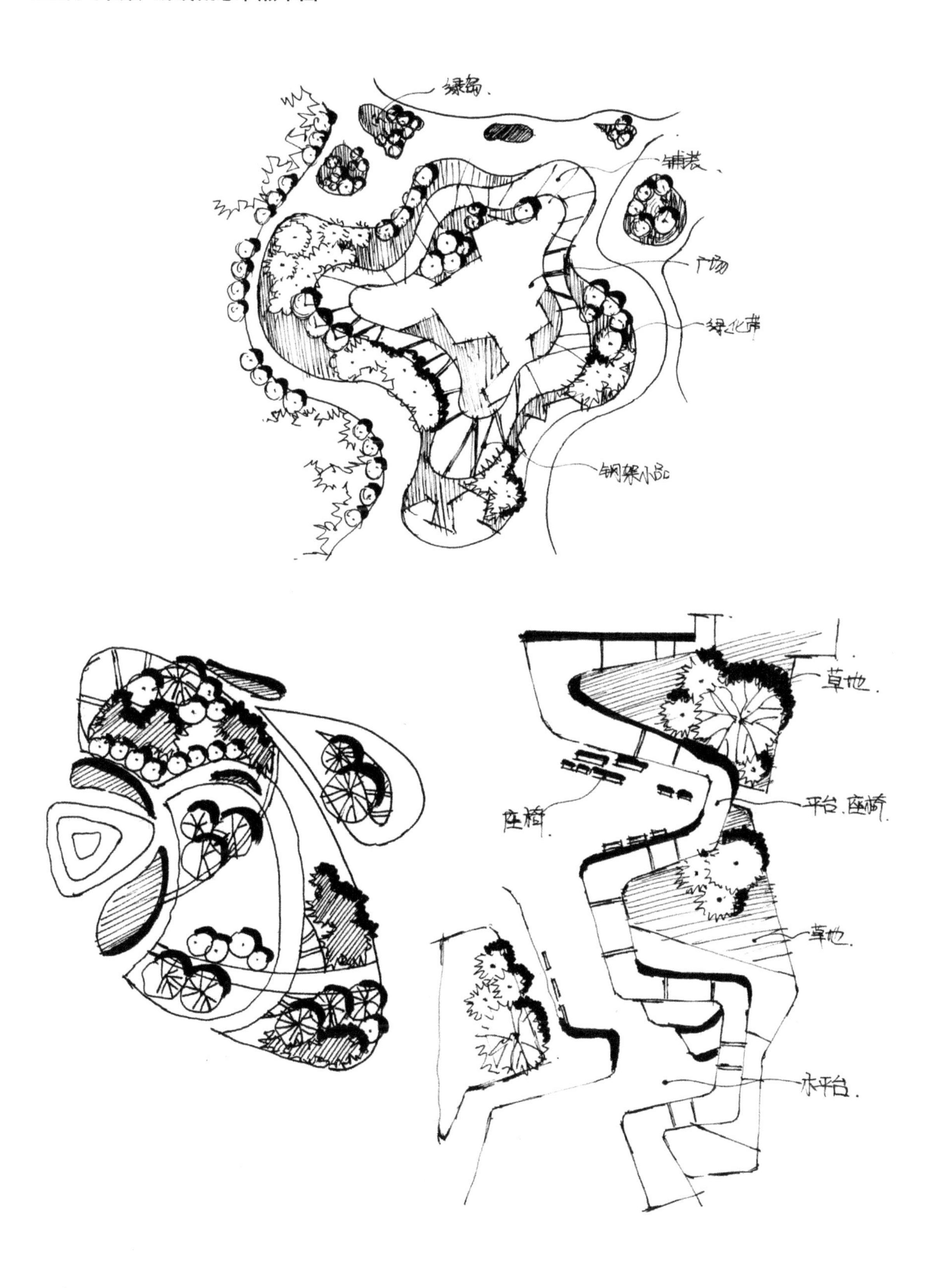

8.3 景观设计图纸的手绘表达

实际做方案时，往往是先确定景观的平面、立面、剖面，而后才是效果图的表达。在景观草图设计中，平面、立面、剖面的表现方法是大家更为关注的。

8.3.1 景观平面图的手绘草图表达

景观平面图往往是景观方案的灵魂所在，道路系统的规划，景观节点、景观轴线的规划全部体现在景观平面图中。下面介绍景观平面图草图的手绘表达方法。

（1）画出景观平面图中的道路系统及景观节点的位置。绘制景观平面图时，一定注意标清指北针及图面比例尺。

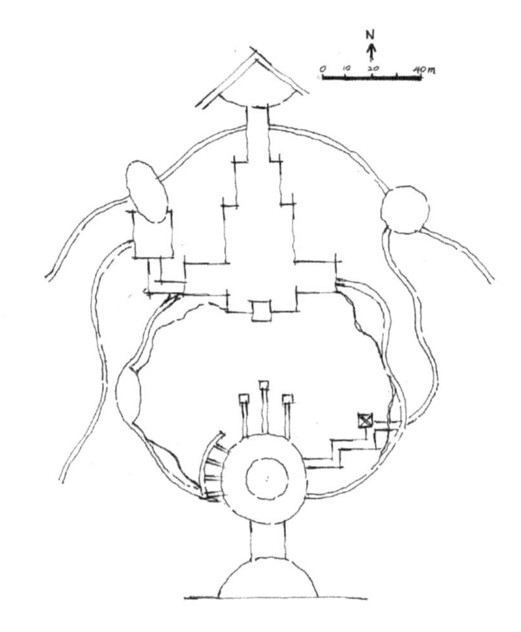

（2）细化景观硬质铺装样式。

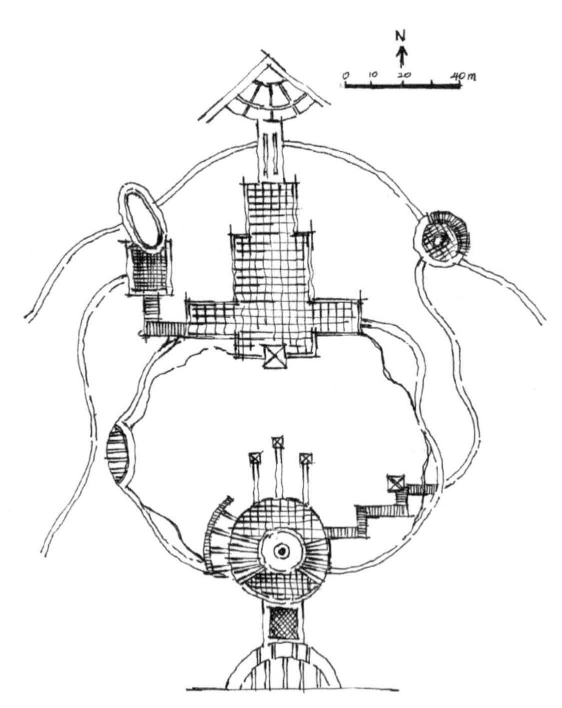

（3）画出规范栽植的植物搭配，主要集中在主入口、景观大道、广场和道路两侧。

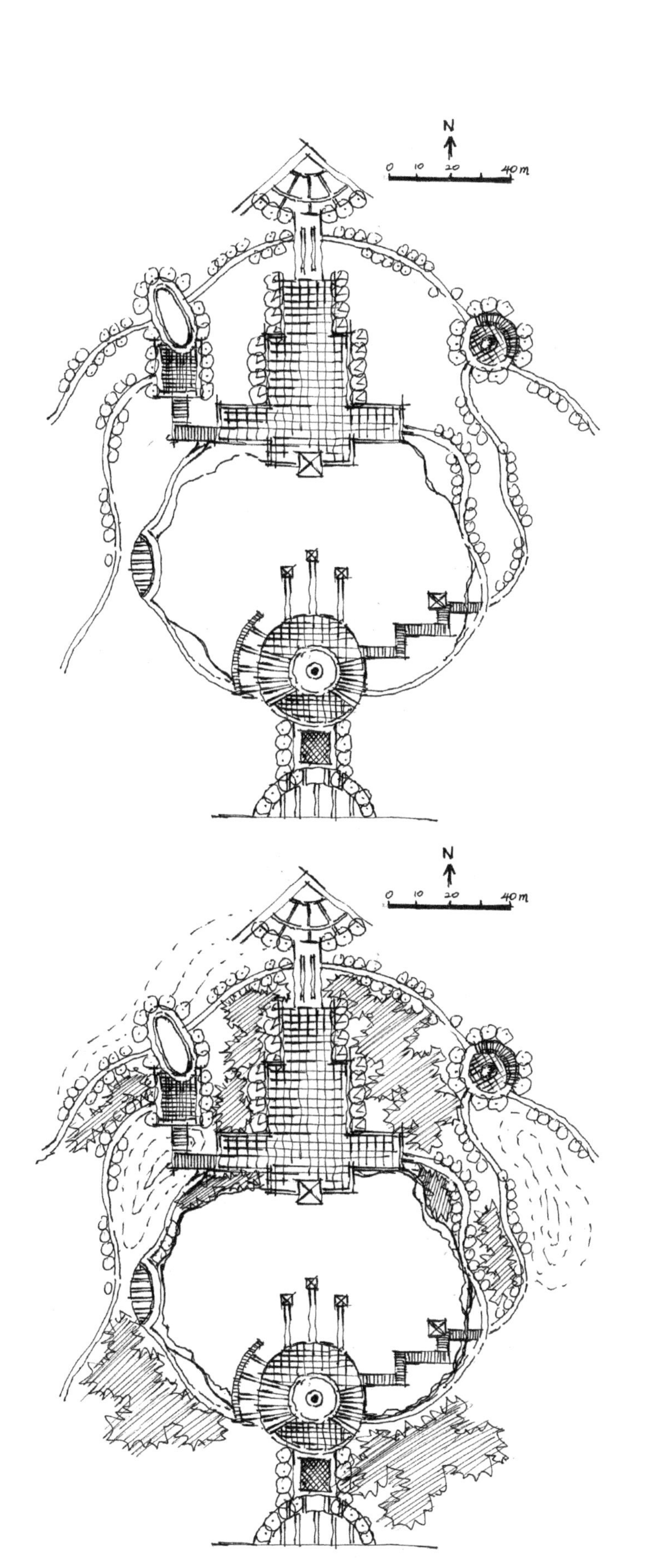

（4）用虚线表示草地微地形，并画出植物群落。

（5）画出整体投影方向。注意我们位于北半球，故画面整体投影应在东北、西北等方向，投影方向一定要统一。投影的绘制可以在景观平面中体现一定的竖向设计。

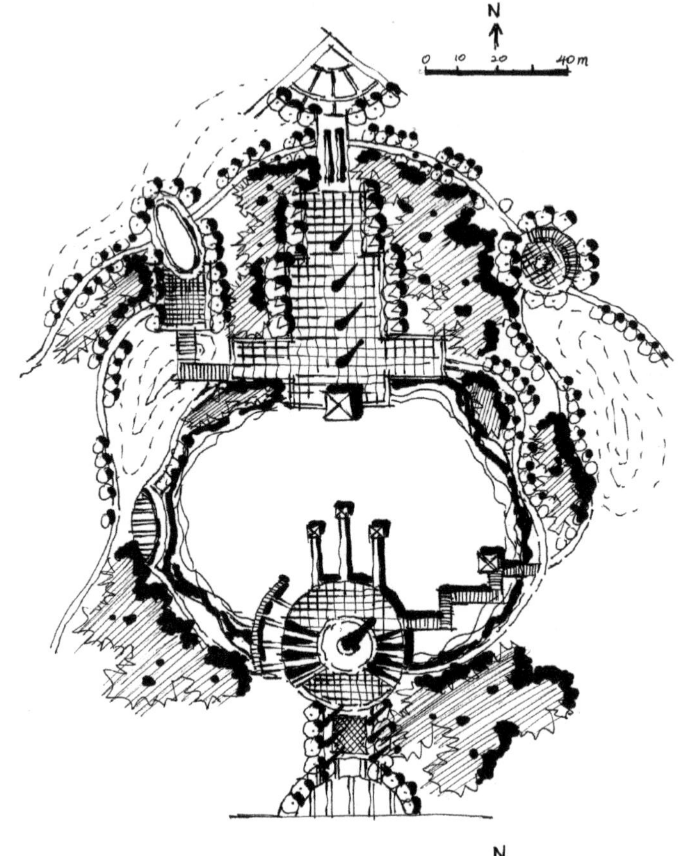

（6）用文字简单标注一下画面的内容，辅助表达设计内容。

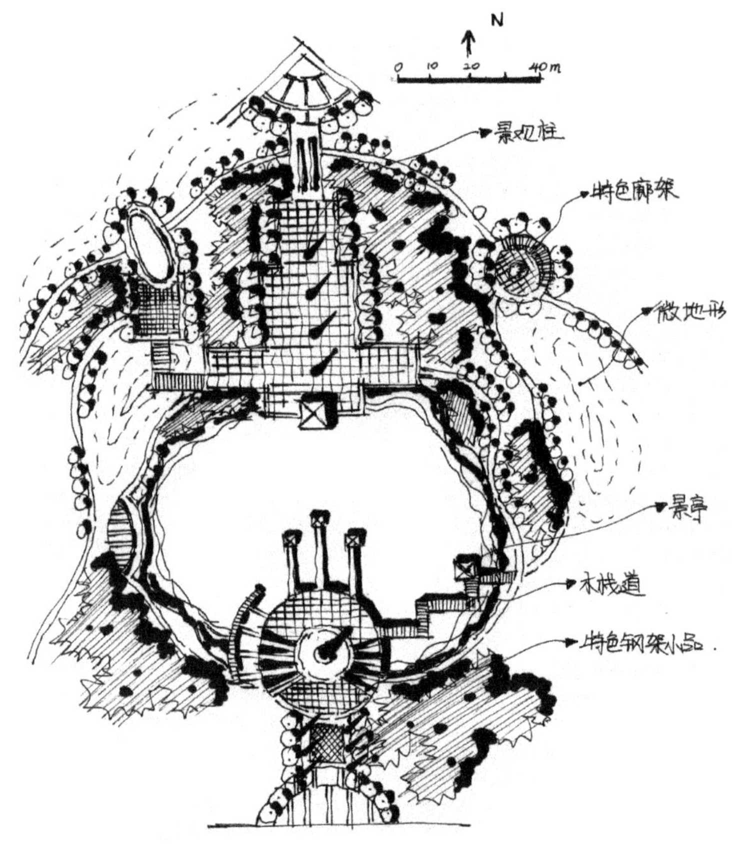

8.3.2 景观立面图的手绘草图表达

景观立面图是为了更好地表达竖向设计，并且结合景观平面，可更生动地体现景观设施及小品的立面效果。在画景观立面图时一定要注意画面比例及尺度关系。

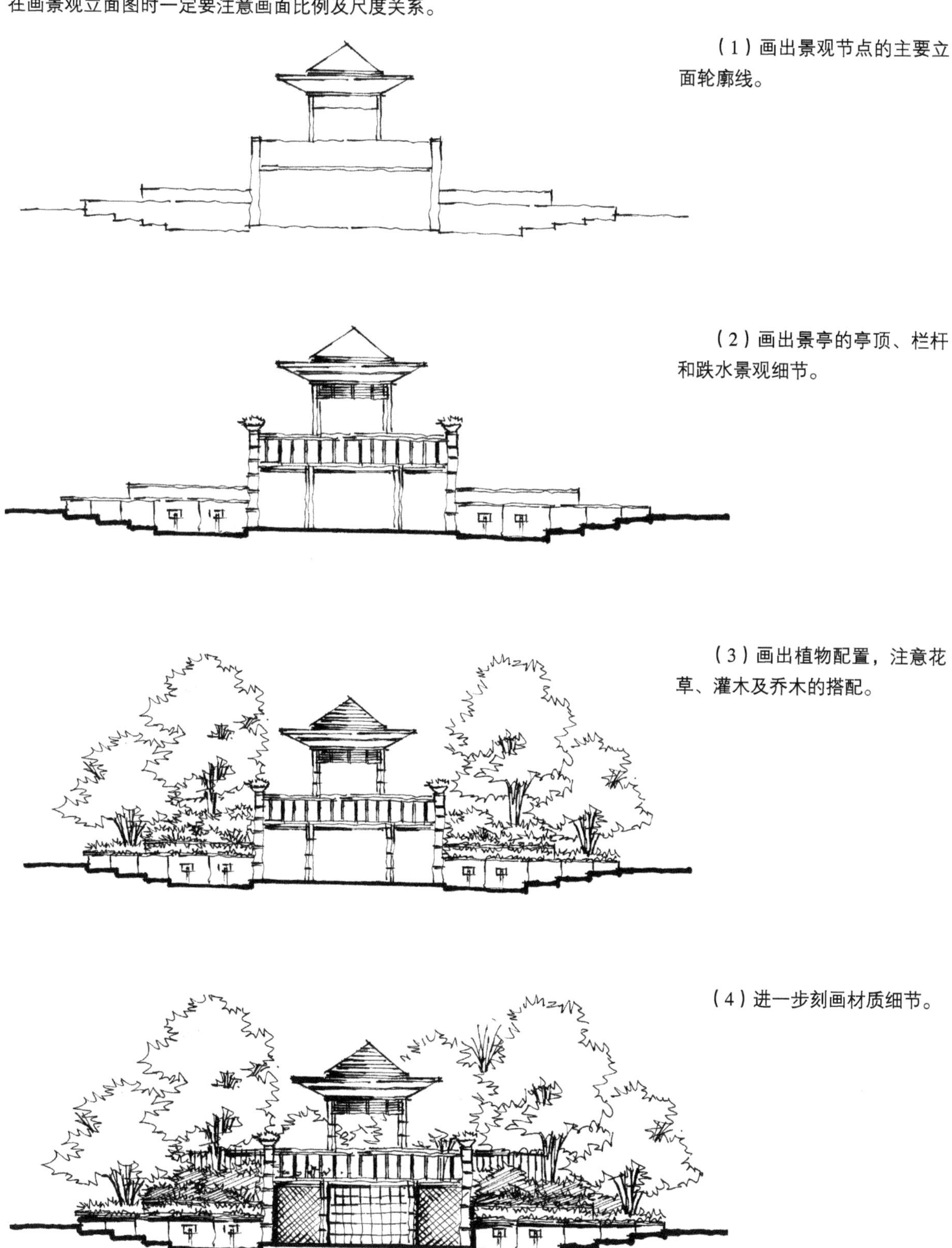

（1）画出景观节点的主要立面轮廓线。

（2）画出景亭的亭顶、栏杆和跌水景观细节。

（3）画出植物配置，注意花草、灌木及乔木的搭配。

（4）进一步刻画材质细节。

临摹作品赏析

8.4 不同风格的线稿草图

设计草图的绘制本身就颇具内涵，它能体现一位设计师的绘图性格，无论是记录灵感还是设计草图，信手拈来成了设计草图的更高境界，不同的介质，不同的笔触，不必细究，能够表达作者此时此刻的感受即是最好的方法。

8.4.1 铅笔线稿

铅笔相对于钢笔、签字笔，表现起来更加生动，只需调整力度便可体现出丰富的明暗和质感变化。

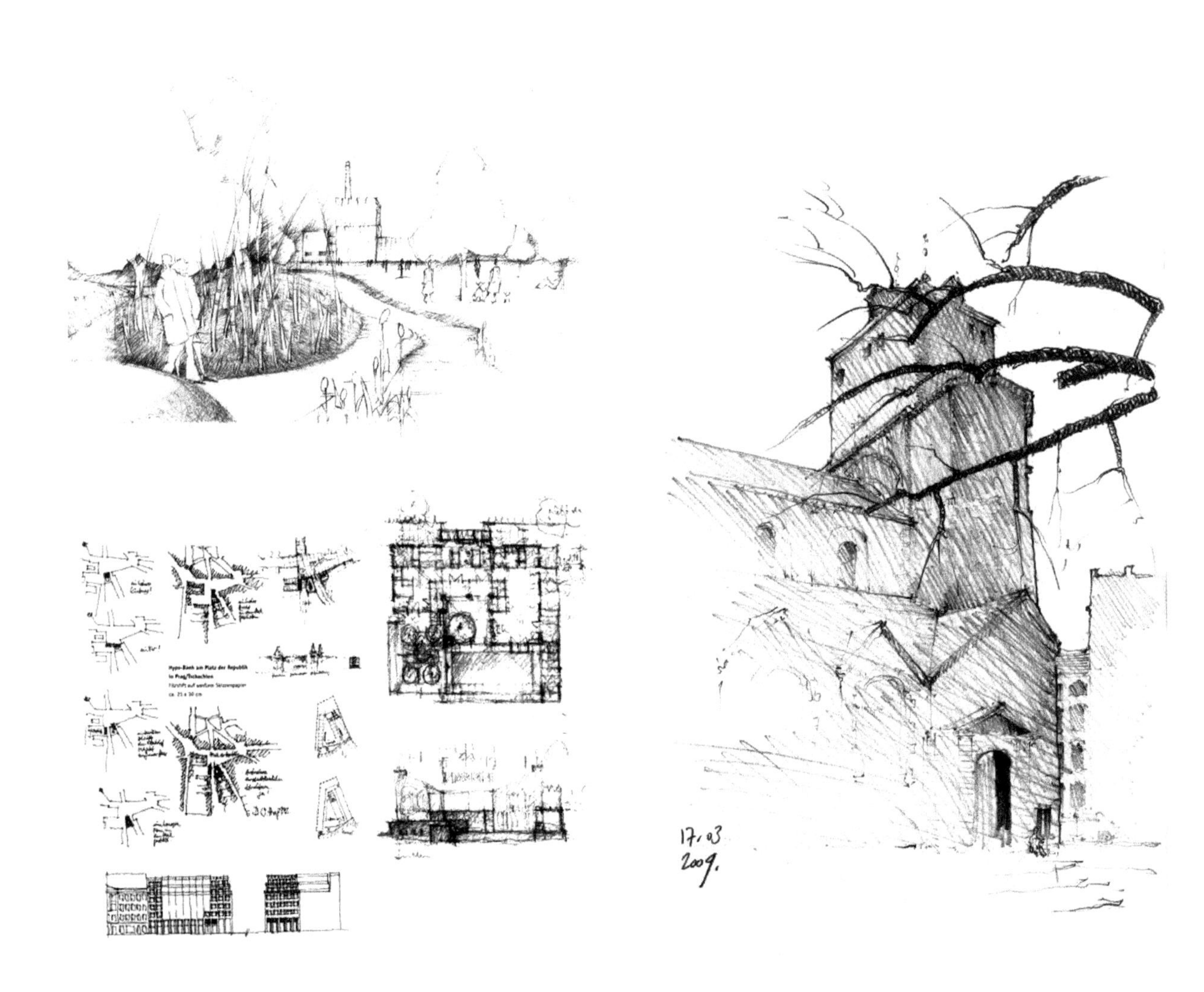
17.03
2009.

8.4.2 钢笔线稿

钢笔是最为常用的手绘工具之一。线条粗细变化丰富，快速线条与慢速线条均能表现出不同的质感，黑白对比强烈，这些都是钢笔草图线稿的特点。

PLACE
SAINTE-BARBE
11.09.2000

LAON
25
08
95

18h30.
BURG.

8.4.3 其他风格的草图线稿

在黑色线稿基础上，用彩色签字笔或彩铅简单加一些淡彩来表现不同的质感，能达到增强设计感的效果。

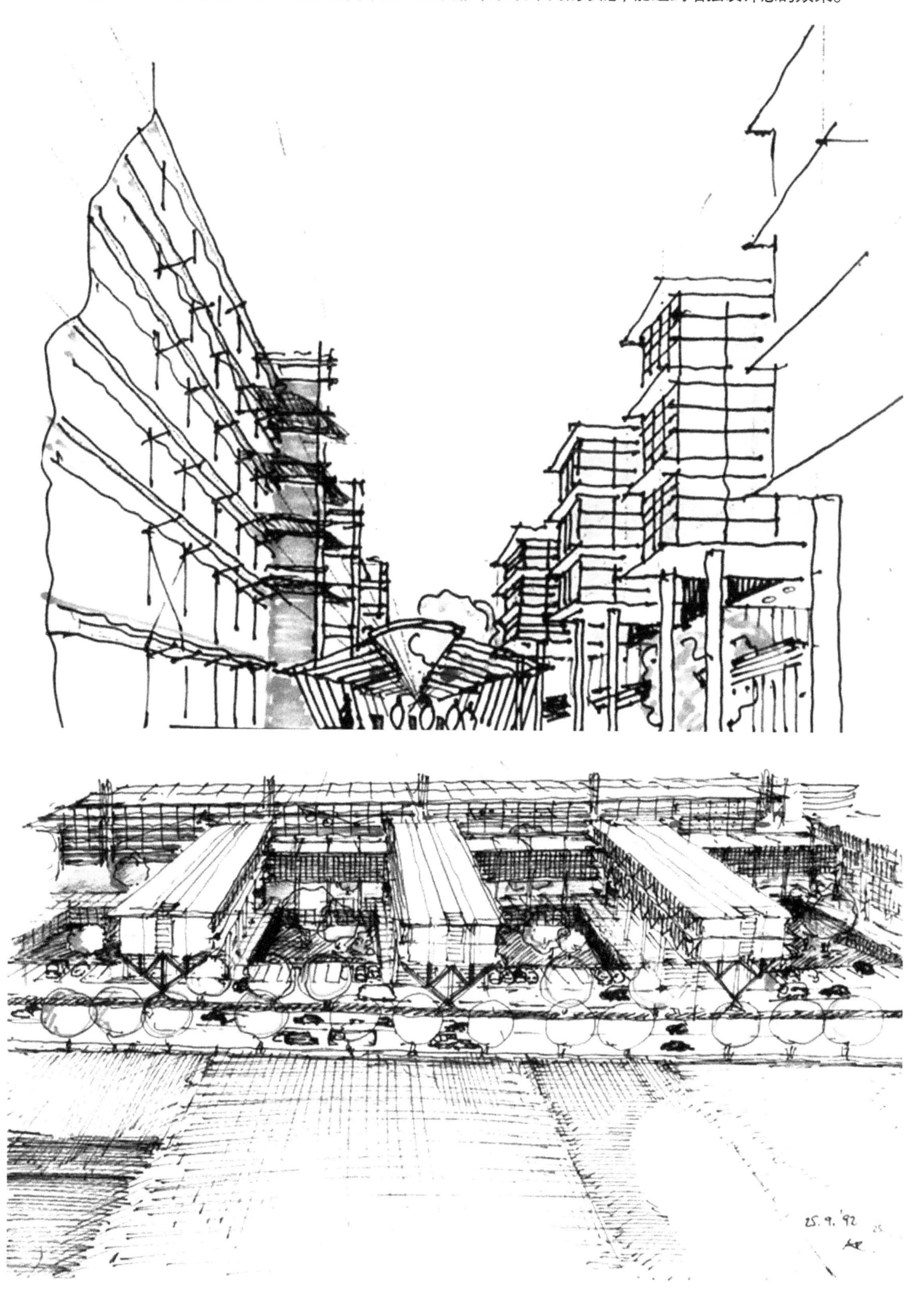

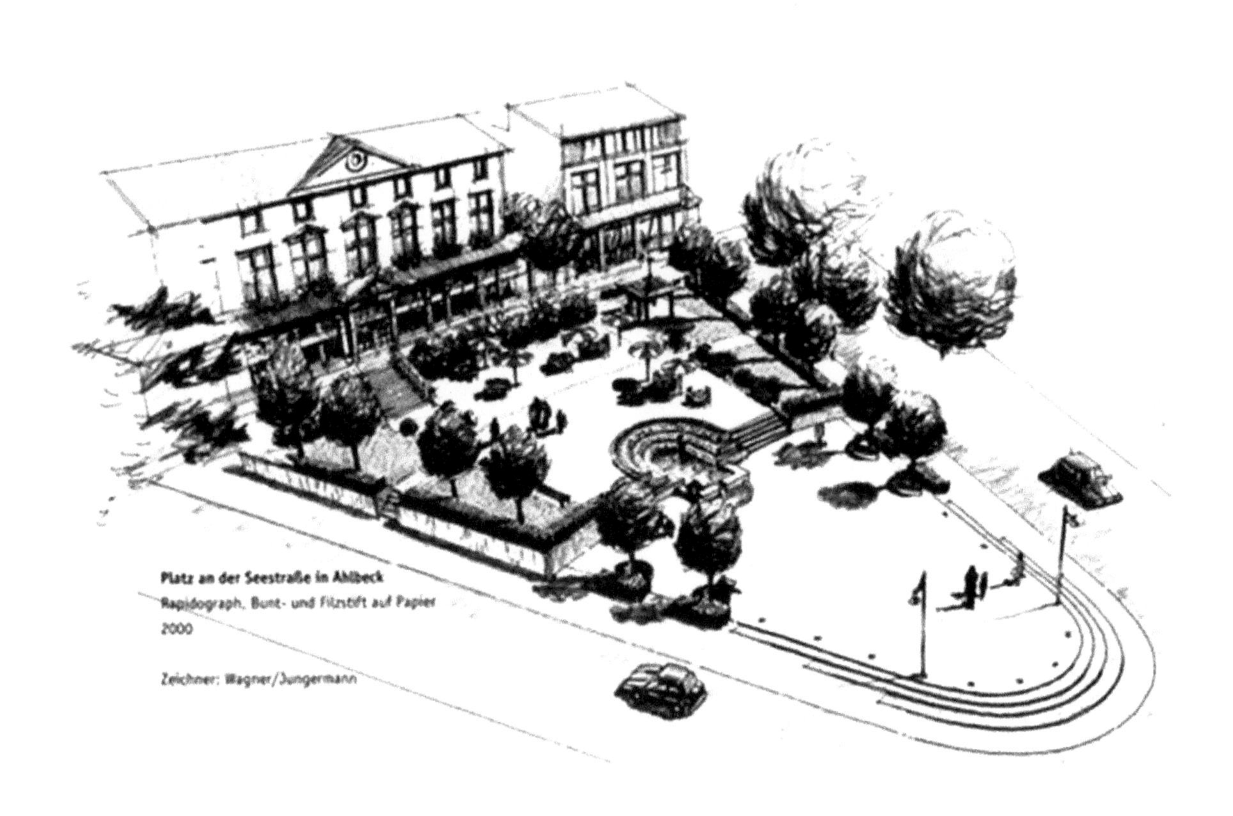
Platz an der Seestraße in Ahlbeck
Rapidograph, Bunt- und Filzstift auf Papier
2000
Zeichner: Wagner/Jungermann

第 9 章

景观线稿作品赏析

9.1 景观效果图

2015.8.3

ZXH 2015.8.13

ZXH 2015.6.28

2015.4.7
2015.7.22

2015.7.29
2015.4.2

2014.5.31

2014.6.1

2015.2.6

2015.2.10

2014.3.11

Mi'Costa酒店.

2014.8.14.

9.2 景观鸟瞰图

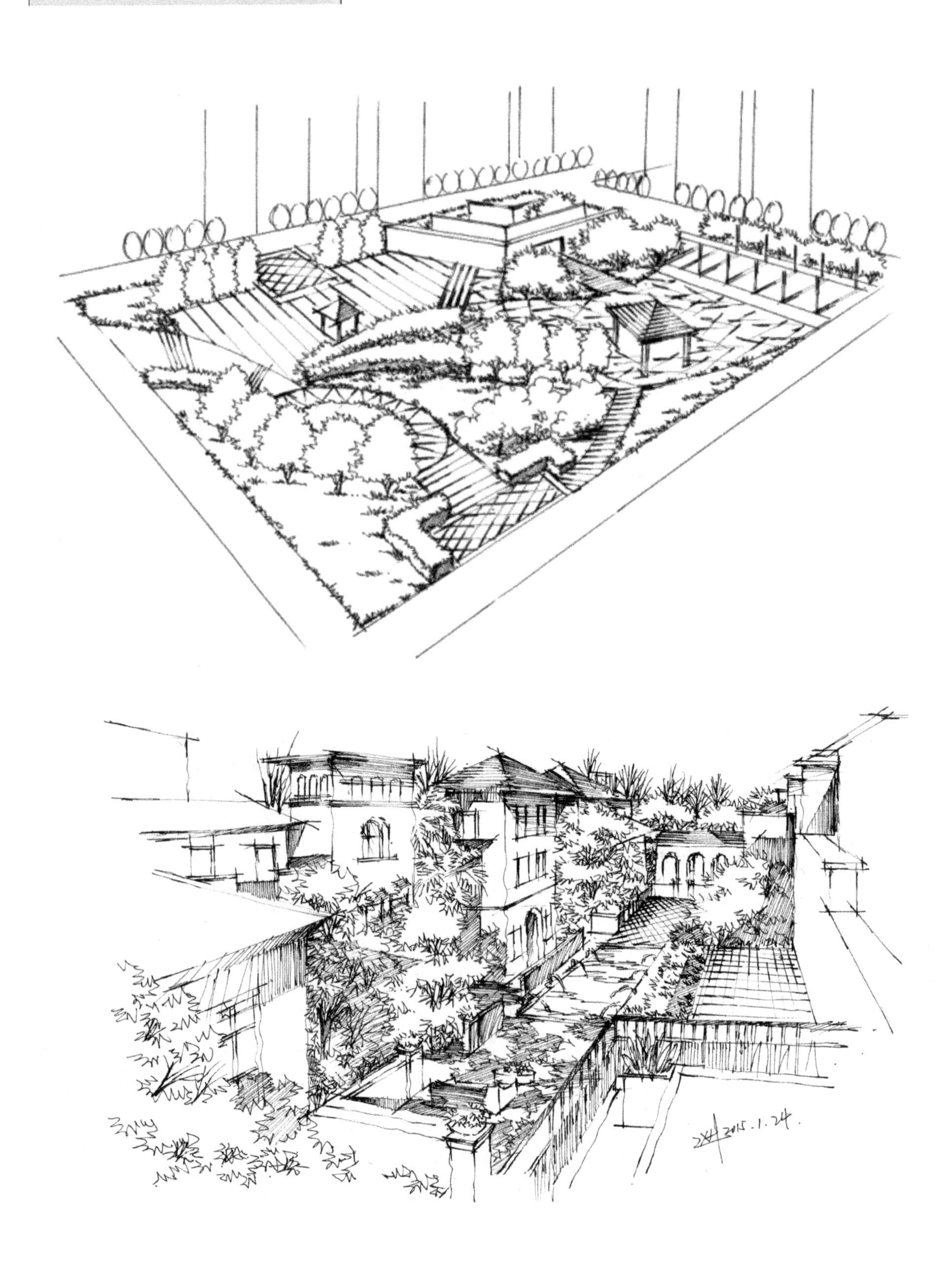

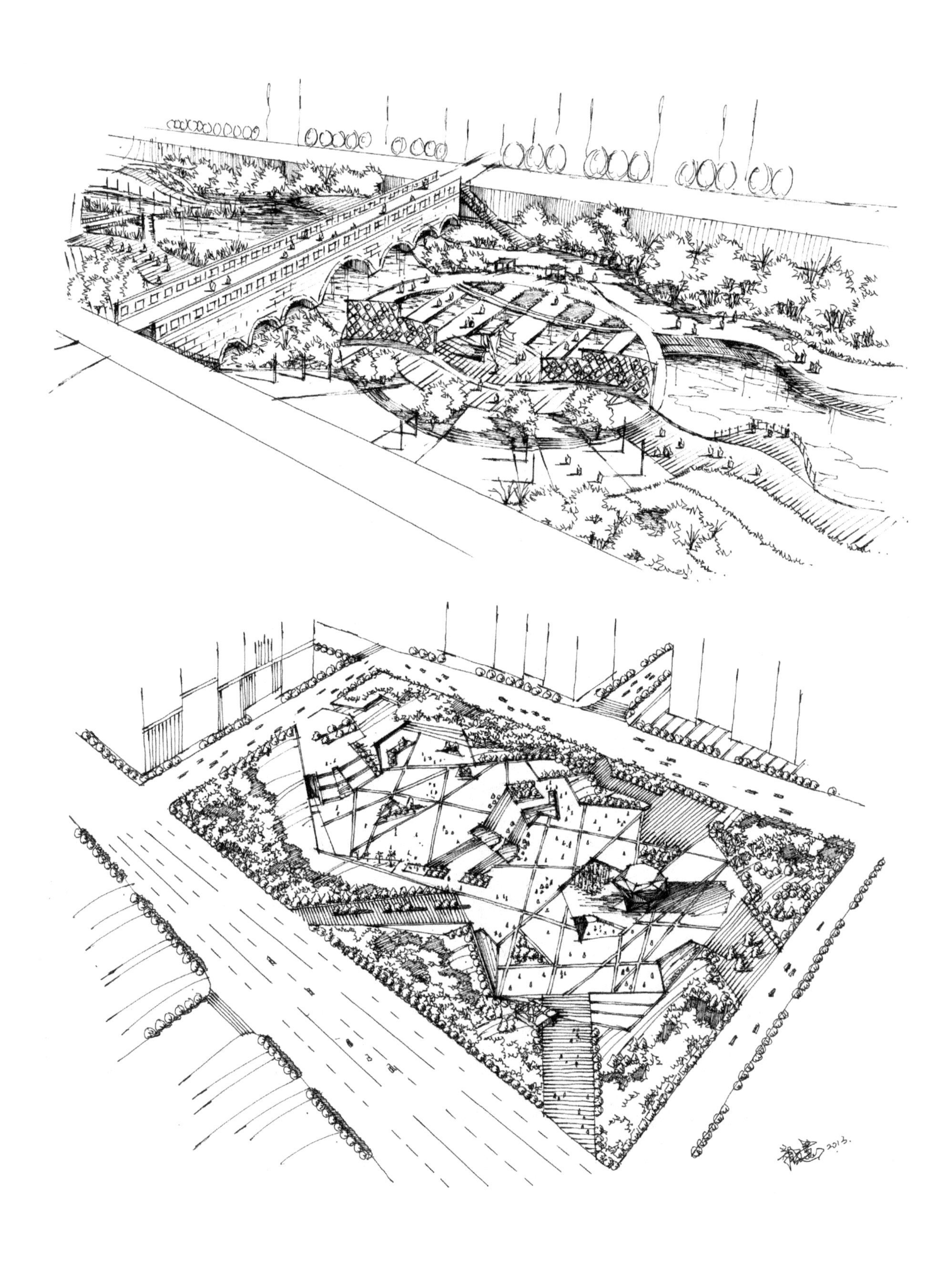

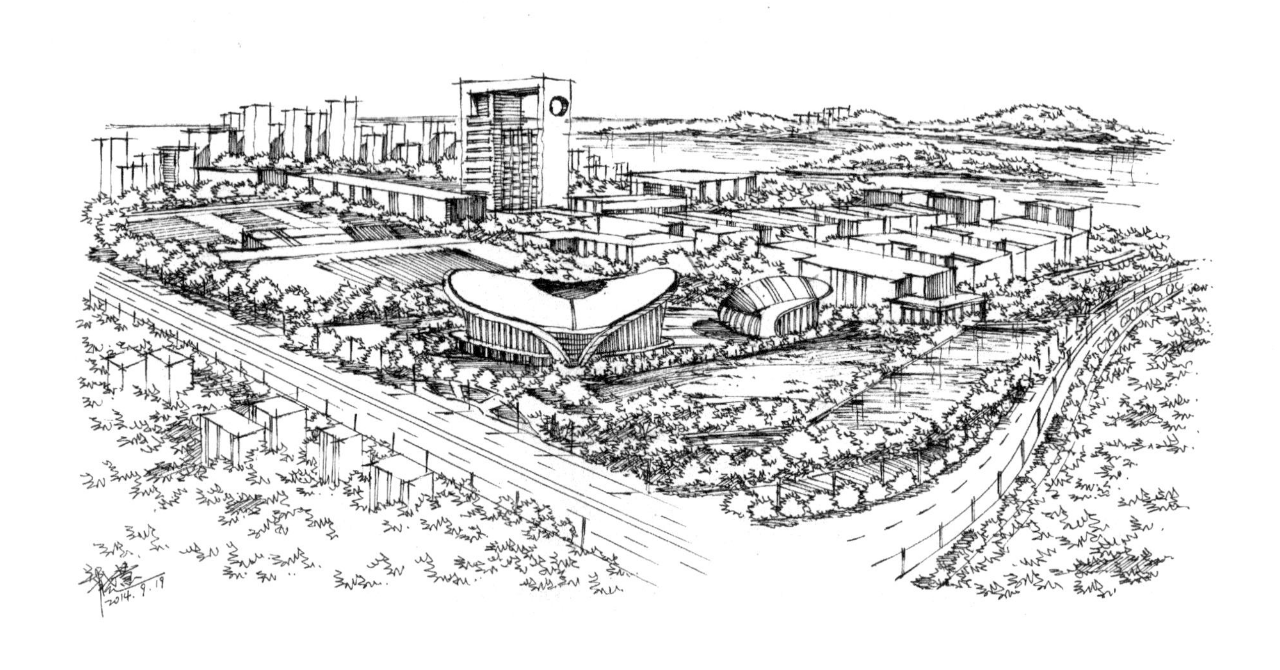

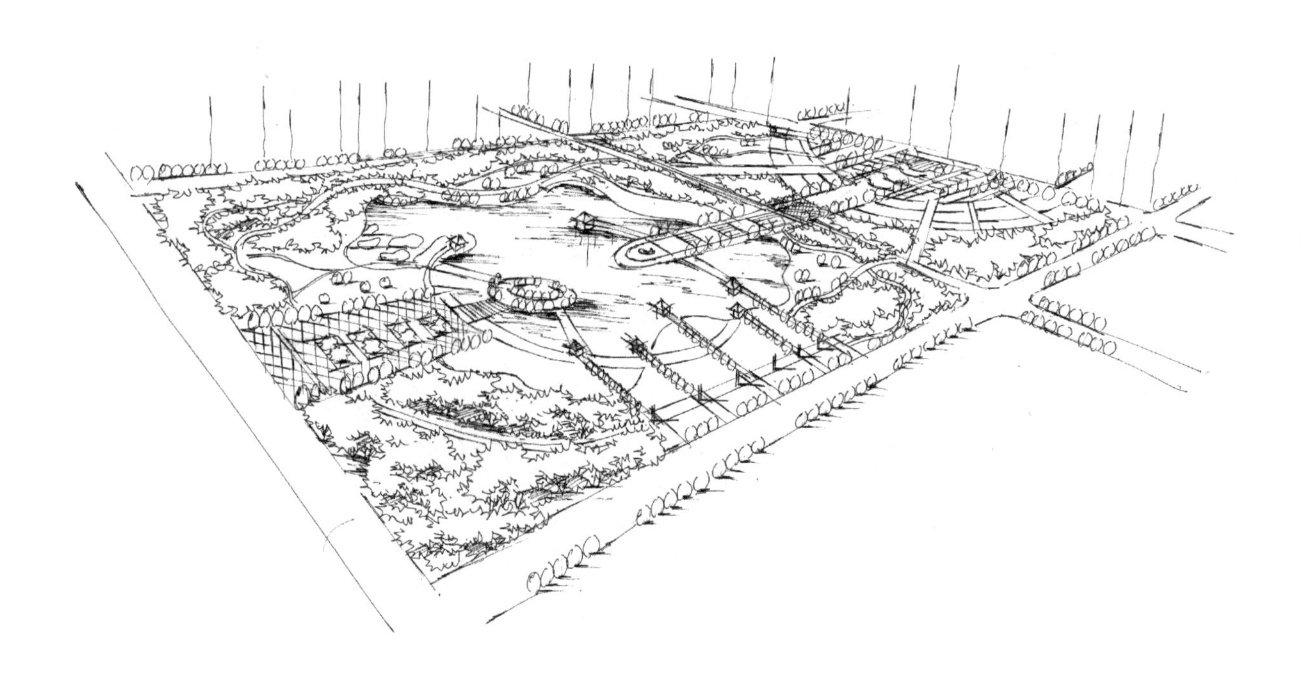

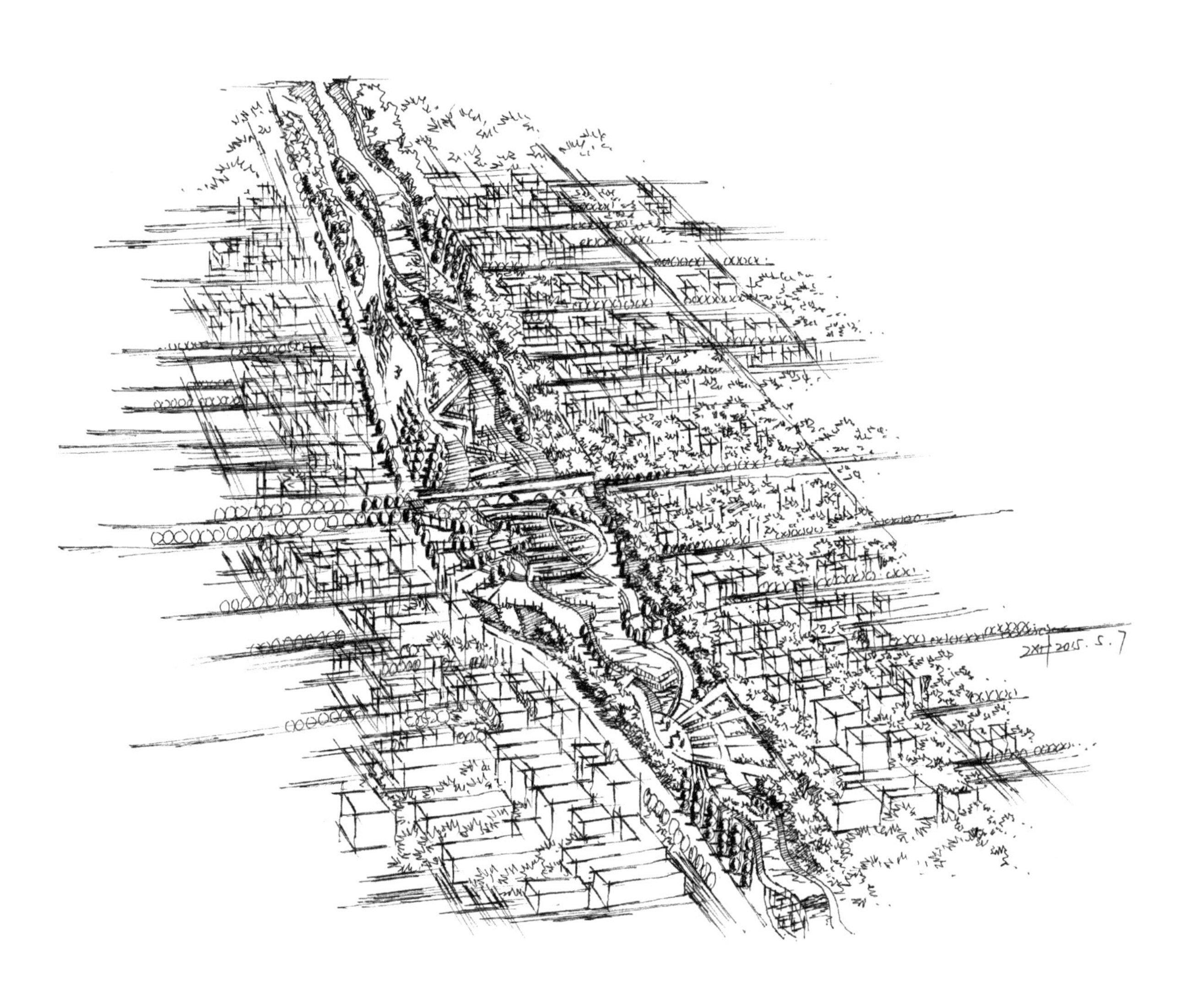
2015.5.7

9.3 景观草图的快速表现